ユーザーインタビューのやさしい教科書

奥泉直子、山崎真湖人、
三澤直加、古田一義、伊藤英明

JN081761

▶本書のサポートサイト

https://book.mynavi.jp/supportsite/detail/9784839976156.html

本書の補足情報、訂正情報、データのダウンロードなどを提供しています。
適宜ご参照ください。

まえがき

近年、市場環境の多様化や急速な変化、グローバル化や産業間の融合などによる複雑化によって、企業に求められるものやそのあり方は急速に変化してきました。これまで提供してきたものを磨いていくだけでなく、環境の変化に対応しながら、新たな価値を生み出し続けなければなりません。

　そんな中、"イノベーション"という言葉をよく耳にするようになりました。イノベーションとは、それまでの制約を打ち破るようなアイデアに気づき、それを適切に実現させることによって、新たなビジネスやユーザーの行動、体験を生み出すことです。そのプロセスにおいて、ユーザーを理解することが肝要と言われています。なぜなら、いくつかの確かな効果があるからです。

■制約に縛られない思考ができる

　ある分野に精通した人は、経験則に従って効率的に考えることができます。素早く判断ができるうえ、問題を事前に予測して避けながら前進できます。一方で経験則は、手堅い答えを出すよう促します。経験が豊富な人ほど、選択肢の幅を無意識に狭めてしまいがちで、そうした熟練者の知恵が逆に制約となることも多いのです。

　思考の制約を緩め、解の探索空間を広げる作業を"発散"と呼びます。ユーザーに接し、現実が持っている多様性や意外性に触れることは、制約から抜け出して、発散を促す一助となります。特に、初めて会う人や初めて聞く話から受ける刺激は強力です。知っていたつもりのことでも、目的を持って改めて見直すと、見過ごしていた事実に気づき、その新たな気づきや理解が新しい発想をもたらします。

■ユーザーニーズを理解できる

　ユーザーが持っている期待や制約を理解せず、ユーザーに受け入れられるアイデアを生み出すのは難しいことです。競合の中で生き残るためには、他社の動向やポジショニングを意識し、同じ評価軸でみたときに他社に勝てる商品を考えることも必要かもしれません。しかし、その評価軸は、ユーザーの持って

いる評価軸と同じとは限りません。

　インタビューをしていると、「そんな理由でうちの製品が選ばれているのか！」「そんなところで苦労しているとは思ってもみなかった！」といった驚きの発見をすることが珍しくありません。

■ユーザーの評価を確認しながらプロジェクトを進められる

　製品やサービスを検討するプロセスの中で、アイデアや計画をユーザーに投げかけ、それに対する反応をみることもできます。肯定的な反応がみられれば、自信を持って前に進むことができますし、反応が思わしくなければ、どこがよくないのか、どうするべきなのかを調べて修正できます。

　製品やサービスは、ユーザーに評価され、受け入れてもらえなければ価値を生みません。ユーザーに接することは、それを実現するために必須の活動と言ってよいでしょう。

■

　ユーザーを理解するための手法には、インタビュー、アンケート、Webでの行動解析、生活空間における行動観察など様々なものがありますが、インタビューは特に活用範囲が広く、多くのプロジェクトで用いられています。

　インタビューの原型は、"人と会話する"ことであり、それは誰もが日常的に行っているものです。そのため、インタビューは誰にでもできる簡単な手法と捉えられることが多く、実際、誰もが気軽に始められることはインタビューの特長の一つです。しかし、日常会話と異なり、インタビューには目的があります。その目的を果たすには、準備や心構えを含め、様々な工夫が求められます。

　本書では、とにかくインタビューをやってみよう！　という皆さんが知っておくべき基礎的な知識を中心に紹介していきます。さらなるスキルアップを目指す皆さんには、慣れからくる失敗を防ぐ方法や心構えが参考になるはずです。

読者の中には、プロジェクト全体を見据えながらインタビューをどのタイミングで実施すべきかを考える立場の方や、インタビューで得られたデータを踏まえてデザインや開発の方向性を決める方、あるいはデザインや開発の担当者として、そのクオリティを高めるためにユーザーの声を聞こうとされている方もいるかもしれません。そうした方々にも参考となるよう、インタビューの前後で必要となる作業についても触れていきます。

　千を越える数のユーザーと言葉を交わし、多くを感じ取ってものづくりの現場へユーザーの声を伝える仕事をしてきた筆者らの経験が、読者の皆さんの仕事に役立つものとなりますことを、さらには、その結果として皆さんが生み出すことになるモノやコトに触れるユーザーの喜びがより一層大きなものとなることを期待します。

改訂新版によせて

読者の皆さんからの意見や感想にもとづき、加筆修正を繰り返していくことにしよう。それこそが人間中心設計を推奨する筆者らが目指す本づくりだ！と豪語し、『ユーザーインタビューの教科書』を上梓したのは2015年春のことでした。さまざまな場所でセミナーや講習会を開いて読者の声を集め、そろそろ新しい版を……と考え始めたタイミングでコロナ禍に見舞われました。

　予定していたインタビュー調査が中止になったり、延期になったり、その後なんの目処も立たないままになったりして困った人も多いことでしょう。筆者らも同じです。騒ぎの始まりがちょうど年度末だったため、プロジェクトを止める判断が難しく、ビクビクしながら強行突破した調査もありました。

　年度をまたぐ頃、東京オリンピック・パラリンピックの1年延期が決定しましたが、同時にコロナ禍との付き合いが長くなる覚悟を決めることにもなりました。テレワークが社会に浸透していくのを肌で感じながら、調査をオンラインで実施するための根回しを行い、体制を整え、念入りなリハーサルの末に実現にこぎつけました。回を重ねるごとにノウハウもたまりましたが、コロナ禍の状況も刻一刻と変わるため、対応を迫られ続ける状況が1年以上におよび、それは未だに継続中です。

　そしてもはや、オンラインでインタビューを行うことや、その様子をテレワークの合間に見学してもらうといった仕立てで調査を計画することがあたり前になりつつあります。そういった体制でユーザーインタビューを行うときの秘訣や注意点を書き足し、『ユーザーインタビューの教科書』に対して読者から寄せられた疑問や要望への答えを盛り込んで仕上げたのが、この『ユーザーインタビューのやさしい教科書』です。

　Chapter 1 では、目的の捉え方とインタビューガイドのつくり方に重点を置いてアップデートしました。調査計画書やインタビューガイドの例を、巻末の Appendix に用意してあります。

Chapter 2の前半では、リクルーティングの手順と注意点、スクリーナー作成時の留意点などを整理しました。後半には、従来どおり会場でインタビューを行うときの感染予防策と、オンラインインタビューの場合に重要となる機材の選定方法やセッティングを中心にノウハウを詰め込んであります。

　Chapter 3には、オンラインインタビューだからこそ気をつけなければならない対人コミュニケーションの注意点を加筆しました。ただし、インタビューの成否を分けるラポールづくり、舵取り、そして深掘りという3つの柱を太く、安定したスキルに昇華させるための技の話もたっぷり補強してあります。また、さらなる上達を目指す中上級者向けに、メタ認知や共感力を上げることの重要性とふり返りの意義についての解説を新設しました。

　Chapter 4では、インタビューで集めたデータを分析し、考察するときの手順やまとめ方を補いました。

　また、本書で紹介する3つのタイプのインタビューを、新規サービス開発の中で使い分ける様子を示す活用例を**Appendix**で紹介しています。インタビュー調査を含むプロジェクトの様子をイメージする助けになれば幸いです。

　ユーザーインタビューの様子をより具体的にお伝えするために、筆者らで動画特典の作成にも挑む予定です。インタビューガイドやスクリーナーを作成する様子、会場設営のポイント紹介や実際にオンラインインタビューを実施する様子などをご覧いただけるようにしますので、本書と合わせて活用し、学びを深めてもらえるとうれしいです。

用語の手引き

　言葉は、文脈によって、あるいは読み手の立場や状況によって解釈が異なる場合があります。逆に、同じ事物を指して別の名称が使われる場合もあります。そうした言葉の使い方による混乱を避けるために、本書での言葉の使い方をまとめます。

■モデレーター

　インタビューを行う人のことを一般的には"インタビュアー"と呼びます。インタビューを受ける側を指す"インタビュイー"と対にして使われます。しかし、これらは文字にして読むにしろ、音で聞くにしろよく似ていて、判別しづらいのが難点です。そこで本書では、インタビューの聞き手のことを**"モデレーター"**ないしは**"聞き手"**と呼ぶことにします。

　ただし対話例では、あえて**"自分"**と表現し、読者の皆さんが自分ごととして対話をイメージしやすいように工夫しました。

■ユーザー

　"ユーザーインタビュー"は、ユーザーの協力を得て実施する、ユーザーに対するインタビューですから、インタビューの受け手はいつだって"ユーザー"です。そしてそのユーザーには、現在の利用者である"顕在ユーザー"、将来のユーザーである"潜在ユーザー"、さらに、製品やサービスを直接利用するユーザーによって何らかの影響を受ける"間接的ユーザー"が含まれます。

　商品やサービスをつくり、提供する側に立つと、そのユーザーはすべからくお客様、すなわち"顧客"に相当します。単にインタビューという場での役割から"インタビュイー"と呼ぶのが総称としてはわかりやすいのですが、先に書いたとおり"インタビュアー"や"インタビュー"との類似がもたらすわかりにくさを解消することを優先して"インタビュイー"という呼称は封印し、**"ユーザー"**ないしは**"顧客"**と呼ぶことにします。

　また、対話例では、インタビューを実施する"自分"の対として**"相手"**と表現することにしました。文脈によっては、インタビューに参加する人とい

う意味で**"参加者"**という用語が使われている場合もありますが、いずれも"ユーザー"を指していると思ってお読みください。

■依頼主

ユーザーインタビューは、ものづくりの過程で実施されます。どんな商品やサービスや機能をつくることになるかは調査の結果によって変わってきますが、つくる作業を担う人が結果を待っているという構図は変わりません。その結果を待っている人のことを**"依頼主"**と呼ぶことにします。調査という仕事の依頼をくれるという意味では"顧客"と呼べなくもありませんが、これはユーザーを表す用語として本書では扱いますので混同しないよう注意してください。

■観察者

インタビューの様子は、別室から窓越しに(あるいはインターネット経由で)観察できるように準備するのが一般的です。そうした施設や設備を準備できない場合やユーザーの自宅やオフィスを訪問してインタビューする場合には、ふつうに同席してもらいます。いずれにしろ、ユーザーの生の声を聞くべくインタビューを見に来る人たちのことを**"観察者"**ないしは**"見学者"**と呼びます。

オンライン会議システムを使ったオンラインインタビューの場合、観察者も"参加者"と称されてしまう場合がありますが、本書では"参加者"は"ユーザー"と同義ですので注意してください。

■オンラインインタビュー

Zoom、Microsoft Teams、Cisco Webexといったオンライン会議システムを使って、ユーザーと画面越しに対面しながら行うインタビューを、本書では**"オンラインインタビュー"**と呼びます。

Contents

Chapter 2　準備　　　　　　　　　　　　　　　　　　　　**057**

Contents

Contents

column

はじめに

TEXT：山崎 真湖人、三澤 直加

0.1 インタビューの特長と効果

0.1.1 インタビュー調査の特長

インタビュー調査は、顧客を調査する際の代表的な手法です。本書で紹介するのは、**半構造化（semi-structured）インタビュー**と呼ばれ、あらかじめ決められた質問と、インタビュー中に必要となった質問とを適宜行っていくインタビューです。このやり方は非常に使いやすく、幅広い問題や目的に対応できます。

まず、主にアンケート調査と比較しながら、この方法の特長として以下の3点を説明します。

- **柔軟性**
- **効率と確実性**
- **時間と場の共有**

ぼくたちが
ご案内します。

一緒に
がんばろう。

柔軟性

　アンケートでは、あらかじめ用意した質問にしか答えてもらえません。聞くべき話題をよく理解して、確認が必要な質問、問題解決につながるよい質問を準備する必要があります。ところが、そうした質問を準備するのは容易ではありません。例えば"伝統工芸の道を志す若い作家さんたちを支援したい。支援が必要な課題は何か"といった問題を扱うとします。いくら事前調査をしても明確な課題は見えてこない。状況も個人で異なりそうだ。そうなると、調査で現状把握をしようにも、何を調べなければならないのかさえわかりません。それだけでなく、シロウトが用意した型通りの質問に答えてもらう、という方法で、作家たちの世界や思いが理解できる気がしません。もしアンケート調査を行って作家さんたちに「課題だと考えていることはありますか」と質問したとしても、聞かれた側は、何も理解していない相手に状況がわかるように書くのは大変でしょう。「面倒だから当たり障りのないことを書いておこうかな」と思ってしまうかもしれません。

　そんな場合には、まずは大雑把に教えてもらい、そこから詳しく聞きたいところを掘り下げていきながら、徐々に理解を進めていきたいですよね。インタビューはそうした柔軟なやりとりができる手法です。「手がけておられる作品を制作するとき、どんなことをやっているか大雑把に教えていただけませんか？」と始めて、相手の話でわからないところがあれば「先ほど"きんま（蒟醤）"とおっしゃいましたが、それはどういうものですか？」「それだけの工程を経て制作してきたものが、最終段階で失敗する、なんてこともあるのでしょうか。そういった場合にはどうするのですか」などと、**徐々に理解や課題の探索を進める**ことができます。

　さらにインタビューでは、アンケートと異なり、質問しなかったことについて情報をいただくこともできます。お仕事についてお話をうかがう中で、相手から「話がそれますが、実は少々困っていまして。というのも……」といった展開になることもあります。予定した内容でなくとも、参考になりそうな話題に話が展開したなら「なるほど。それからどうなりました？」と付いて行く。相手のお話に熱が入って、こちらからの質問をいくつかできずに話題が進んだとしても、その話題が一段落してから「先ほどのお話ですけど、△△に関してはいかがでしたか？」と聞けばいい。また、例えばお話をうかがううちに「あ、こ

Intro.

はじめに

Chap.
1
計画

Chap.
2
準備

Chap.
3
実施

Chap.
4
考察

Appx.

の方はこの話題についてあまりご存じないのだな」と気づけば、その話題に関する質問は飛ばし、他の話題に時間を使えばいいのです。このように、**相手や話の流れに応じて柔軟に進められる**のが、インタビューの特長です。

　インタビューは電話でもできます。最近は、インターネットを使ったビデオ通話でのインタビューも一般化してきました。オンライン会議用のサービスを使えば、お互いの顔を見ながら会話ができます。オンラインインタビューでは、場所を確保する必要もなく移動の必要もないため、時間の調整が容易です。参加者となる方も、こうしたやり方に慣れている人が増えているように感じます。**行う場所や手段を柔軟に選べる**ことも、インタビューの特長です。

効率と確実性

　インタビューでは、様々な言葉が手に入ります。言葉は、理解や共有がしやすいデータです。

　インタビューの中で理解の精度を上げることも可能です。発言が曖昧だったら「○○とのことですが、例えばどういうことですか？」と具体例を求めたり、「……というふうに理解したんですが、そういうことでしょうか」と、自分が適切に理解しているかを確認したり。相手が答えてはいるんだけど、まだ何か考えていそう、という状況を読み取って「他にも何かお考えのことがありますか」

と聞くことにより、ヒントとなる情報を聞き漏らすことがなくなります。こうした調整は、アンケートでは不可能です。

インタビューでは、**質問のやり取りのトラブルにも対応**できます。例えば、回答者がある質問の意味を誤解してしまったとします。相手の回答を聞きながら「あ、質問が誤解されちゃった。××じゃなくて○○について教えて欲しかったのに」と気づけば、お話が一区切りついたところで「なるほど、ありがとうございます。では、○○についてはいかがでしょうか?」と、素知らぬ顔で質問を言い換えたり、繰り返したりすることができ、必要な情報の取り逃がしを避けられます。一方アンケートでは、いったん調査票を配布(Webアンケートの場合は公開)してしまうと、誤解のないように質問を修正したり、説明を加えたりすることはできません。場違いな回答が回答欄に書かれてしまい、誤解が生じたことに後から気づく(あるいは、気づかないまま分析する)ことになります。

時間と場の共有

通常インタビューでは、初めての相手と、お互い素性を明かして、直接会って話をします。多少緊張もしますし、出会いの楽しさもあります。オンラインで行う場合もありますが、時間と、仮想的にしても場を共有するという点では似た感覚があります。こうした中で生まれる対話は、アンケートで大量に受け取るテキストデータとは別の重みを持って届きます。また、比較的少数の相手に対して行うため、個別のデータが全体に埋もれることもありません。データは匿名化しても、語ってくださった方の印象と結びついたまま扱われます。

共感しながら話を聞くことが大切、といわれますが、実際にインタビューをしていると、相手の感じていることが身にしみて伝わってくる(例えば、つらい話を聞いていると胃が痛くなる)ような気がします。というのも、目の前にいる人間の話をしっかり聞いて、うなずいていると、初対面の相手の話でも他人事に感じない、というか、相手の身になって理解する、という状態へと自然に入っていくものです。相手にとっても同様でしょう。面と向かって丁寧に話を聞く相手に、回答をごまかしたり、いい加減に答えたりできる方はそう多くないはずです。

Intro.

はじめに

Chap.
1
計画

Chap.
2
準備

Chap.
3
実施

Chap.
4
考察

Appx.

0.1.2 インタビューの効果

これらの特長のため、インタビューは以下のような場面で効果を発揮します。

- 顧客を深く知る
- 顧客の視点で考える
- 顧客の発想を取り込む
- 心理的な効果とチームビルディング

顧客を深く知る

　柔軟な質問によって、詳しい情報、複雑な情報を得ることができます。また、答える様子を観察することで、言葉に現れていない、ときには、相手がまだ明確に意識していない考えや気持ちを察知することもできます。事前の計画からは予想しなかった意外な事実や感情について知ることもできます。

　言葉がどのように話されたか、も情報となります。"自信がなさそうに"、"いかにも嬉しそうに"、など、言語情報に感情や確信度などのニュアンスが加わります。字面としての回答を追うだけではなく、**情報に関する情報（メタ情報）**が得られることは、インタビューの大きな特長です。

例えば、ある話題について、こちらが聞かなくても語り始めた人は、こちらが質問してから思い出して、「うーん、ありますね、そういうこと」と同意した人に比べて、その話題を強く気にかけていると考えてよいでしょう。あるいは、当然意識しているはずなのに自分から語らない人は、その問題が重大すぎて、語ることを避けているのかもしれません。こうした豊かな手がかりから、相手の体験や考えについて様々な気づきが得られます。これは、アンケートで "Yesと回答した人は約 67%" といった総体的な情報を得るのとは、理解の内容が大きく異なります。

　ときには口べたな方や、感じていることを整理して話すのが苦手な方もいらっしゃいます。インタビューでは、質問をしながら相手の考えを徐々に明らかにしたり、不明瞭な表現を言い換えて確認したり、といった技術で、思いを共有することができます。このように、"質問する—答える" という関係でなく、インタビューする側も相手とともに考え、相手の語りを支援する、というアプローチを、**アクティブ・インタビュー**（active interview）といいます。

顧客の視点で考える

　顧客のことを理解はしていても、会社や自分の立場があるのですから、本当に顧客の立場で考えるのは難しい、というのもわかります。職場では、顧客にとっての価値を追求するよりも目先の仕事を納期通りに終えることが優先、と考えてしまいがちです。製品開発が分業化されていて、顧客について考える機会がない、顧客のためのこだわりが評価されにくい、という現場も多いのではないかと思います。インタビューでは、顧客から話を聞き、理解を進めるうちに、相手の語りの外にある事実や期待も何となく見えてきます。特に顧客が仕事や生活を行う現場でお話をうかがう場合には、高い臨場感の中で頭を刺激され、アイデア発想の環境としては最高です。「それなら、きっとこういった問題をお感じなんじゃないかな」「そういうことであれば、こんな機能があれば役に立つかもしれないな」といった発想が自然に生まれてきます。

　インタビューを終えた後にも、相手の存在感が頭に残っていて、相手が語らなかった感情や、未確認の事実に関しても「この人なら多分このように考えるのでは」などと推論が働きます。こうして得られるアイデアや仮説は、顧客の現実に即している点で強力です（後ほど落ち着いて、本当にそうか、と吟味す

Intro.

はじめに

Chap.
1
計画

Chap.
2
準備

Chap.
3
実施

Chap.
4
考察

Appx.

る必要がありますが)。自分が何かアイデアを考えなければ、と努力するより先に、何が求められているか、自然にわかってきます。

　インタビューは相手の心の動きや語りに気を配りながら柔軟にお話をうかがう、という方法ですから、自分が"聞きたいこと"ではなく、相手が"話したいこと"を探りながら、それに寄り添っていく形となります。形から入ることで姿勢が変化し、「顧客の視点で考えなければ」などと構えなくても、自然に顧客の目線で考えるようになります。

顧客の発想を取り込む

　インタビューの場で、顧客のアイデアをうかがうことも少なくありません。例えば、特定の製品をどのように使っているのか、ユーザーの方にお話をうかがっていると、「いま、こういうことで困っているから、こういうモノがあるとうれしいんだけどなぁ」とか、「この製品、ここはいいんだけど、このへん、こうなっているとちゃんと使えるんだけど」のように、話の流れで、顧客自身の要求を満たすアイデアが示されます。アンケートに回答する場合と違い、時間をとって直接会うのですから、参加者の関与感も高いに違いありません。こちらのために「何か役に立つことを言ってあげよう」という気持ちになってくださっているかもしれません。

　発想はいつ飛び出してくるかわかりません。また、「こんなアイデア話してもしょうがないかな」という遠慮をお持ちの方もいるでしょう。相手の表情を見て、いいタイミングで「ん、ご意見がありますか？ 何でもおっしゃってください」と問いかけるからこそ、控えめな方からもアイデアを引き出すことができるのです。インタビューではそれが可能です。

　そのまま製品になるようなアイデアが得られるとは限りませんが、よいヒントになります。

心理的な効果とチームビルディング

　お客さんのコメントをいただこう、と製品やサービスに関する自分のアイデアを話して、それが相手に全然理解されない、あるいは「え、それで何がうれしいんでしょう？」なんて逆に質問されたりすると、ショックです。反対に、「それいいですね。いやー、そういうのあったら絶対買います。ぜひ早くつくってください！」なんて言われると、自分の思いが通じた喜びで、やる気が高まるでしょう。インタビューでは、客観的なデータを得るだけでなく、相手から直接うれしい言葉、厳しい言葉をいただいて、「がんばろう」とか「自分は甘かったかもしれない」などと感じる、**心理的な効果**も大きいと感じます。

　インタビューが特に優れているのは、顧客と対話し、その声に耳を傾けることによって、お客さんから逃げられなくなる、ということです。実際のユーザー、あるいは、これから自分たちの製品やサービスを使ってくださるような方にわざわざお時間をとっていろいろと教えていただき、抱えている現実の課題を理解すると、ああ、自分はこの人のためにデザイン（あるいは設計、企画）をしているんだ、ということを感じます。この人の課題を解消しなくては、この人の期待に応えなくては、という**責任感・使命感**が生まれるのです。メーカーやサービスを運営する企業の方であれば、相手の発言から、その企業に対する期待を受け取ることもあるでしょう。人々に期待される企業で働く人間として、この人に何が提供できるだろうか、と考えずにはいられません。つくる人のこのような感覚こそが、妥協のない、品質の高い日本人の仕事を支えているのではないでしょうか。人を思い、人を理解し、人のためにする仕事と、会社に閉じこもって、組織のため、自分のために行う仕事とは、まず緊張感が違います。これは、書き表せるデータでなく、インタビューをする人の心に残る見えない成果物です。

　こうした効果は、**チームビルディング**にも役立ちます。インタビューは誰でもできるので、様々なメンバーが参加できますし、お客さんとの対話の場を共有しながら、使命感も高まったよい状態で、自分たちの目指すモノ・コトに対する "思い" を語り合うことができます。チームで顧客を訪問する場合には、移動や食事などで多くの時間をともに過ごすことになります。その過程でのハプニングや、楽しい出来事を共有することも、仲間としての意識醸成につながります。

Intro.

はじめに

Chap.
1
計画

Chap.
2
準備

Chap.
3
実施

Chap
4
考察

Appx

また、「お客さんはこう言っている」という"言葉"を手に入れることは、様々な点で強力です。顧客の言葉はわかりやすいので、他の関係者と"お客さんの真実"を示す際に便利です。「お客さんはこう言っているらしいぞ」と、その言葉が広まっていくこともあるでしょう。しかも、顧客の言葉の例を示すとたいていの関係者は「あ、この人はお客さんのことがわかってるんだ」と思ってくれ、意見を聞いてもらいやすくなります。もちろん、一人の顧客が語った断片的な言葉で、顧客の全体を説明してしまうのは危険です。偏った使い方をしないよう気をつけねばなりません。

0.1.3 インタビューの制約と回避策

　一方で、インタビューには制約もあります。まず、インタビューの実施には個別に、ある程度の時間がかかりますから、多くのサンプル数を得ようとすると多大な時間や労力がかかります。容易に数万件のデータを得られるアンケート調査と比べるとサンプル数は少なくなるため、想定する市場の全体を予測する力では劣ることを理解しなければなりません。

　多くの人にインタビューする場合には、それぞれの対話内容を詳細に分析することは難しいため、インタビューならではの価値も失われがちです。さらに、インタビュー相手に関する条件が厳しい場合には、条件に合った人が見つかっても、その人々が地理的に分散していることも考えられます。そうすると、直接会ってインタビューするには移動のコストもかかります。遠く離れた場所にいる人とのインタビューが必要な場合には、**電話やオンライン会議サービスなどの利用**も考えるとよいでしょう。

　また、インタビューの担当者には特別な技術が求められます。インタビューは基本的に"会話"ですから、誰にでもできます。しかし同時に、会話では時折、曖昧なやり取りや誤解、何となく話しづらい感覚が生じることは皆さんもご存知でしょう。さらにインタビューでは、人それぞれに性格や知識の異なる、初対面の相手と会話をすることになります。大切な意思決定の参考となる、信頼のおけるデータを得るためには、待った無しの本番でミスのない会話術が必要です。話しやすい雰囲気をつくるラポールの形成など、話を聞く上での技術は、Chapter 3 『実施』（P. 107～）で詳しく解説します。

　目的によっては、互いに身分を明かすことが問題となることもあります。例

えば、競合他社製品の利用者にその製品の利点や問題を聞く際には、こちらの社名を相手に知らせることで、相手がどうしてもこちらに配慮してしまって製品のダメな点をズバズバ言いにくい、などの問題が生じます。身分を隠したり偽ったりして調査することは倫理的に問題があるため、このような場合には社外のリサーチャーを雇うことが有効です。

　インタビューの制約を、他の方法や情報と組み合わせて解決することも検討してください。例えば、サンプル数が限られるという制約をカバーするため、インタビューで得られた事実が多くの人々に当てはまるかどうか、アンケート調査で確認する、ということができます。このような手法の組み合わせは、**トライアンギュレーション（triangulation）**と呼ばれます。

　オンラインインタビューでは特別な場所の準備がいらない、お互い移動しなくてよい、記録も容易、同席者が気配を消しやすい、など、対面でのインタビューの制約を緩和する利点があります。最近 オンライン会議や在宅勤務の広がりによる影響でPCやカメラなどの環境を整えた人も多くなっており、スムーズに実施できるケースが増えています。

Intro.
はじめに

Chap.
1
計画

Chap.
2
準備

Chap.
3
実施

Chap.
4
考察

Appx.

0.2 インタビューにのぞむ姿勢

0.2.1 インタビューの相手に敬意をはらう

　インタビューでまず重要なのは、相手に対して敬意を払い、誠意ある対応をすることです。インタビューは、答えてくれる人の存在なくして成立しません。貴重な時間と知識を自分のために提供してくれている相手に感謝し、大切に扱うことは、調査の目的や技術以前に求められる基本です。

　敬意は心の中だけでなく、言動に表されるべきです。インタビューにおいては、相手を気遣って、例えばわかりやすい言葉で質問する、とか、傷つけるようなことをしない、ということになります。**わかりやすい言葉で質問する**、というのは、こちらからの質問で誤解されそうなポイントをあらかじめチェックして、その要因を除いてあげる、ということです。専門用語やなじみのない単

語を避け、聞いて誤解なく理解できる質問になっているか、話題の展開が不自然になっていないか、事前に考えておきます。"大半の人には適切に伝わるだろうけど、こういうふうに誤解する人もいるかもしれない"という落とし穴に気づいて、その問題を取り除きます。

また、相手が楽に話せる状態をつくり、語りに寄り添いながら、しっかりと聞く、ということも大切です。例えば、話があちこちに飛んで、何を言おうとしているのかわからないような方もいらっしゃいます。でも、しばらく話を聞いていれば、次第に意図はわかってくるものです。うなずきながら、相づちをうちながら興味を持って聞き、ときには「こういうことですか？」と助け舟を出して話を進める。一人で苦労させるのでなく、相手を気遣いながらともに理解していきます。

途中で「あ、失礼しました。大事な質問を一つ飛ばしてしまっていました」なんてことになれば、そのインタビューに対する真剣さがない、すなわち、相手を尊重していないことになり、大変失礼です。インタビューの内容は、練習してしっかり頭に入れておきます。

これらのことも、**相手を一人の人間として大切に扱う**ならば（言い換えれば、相手を単なるデータとして扱うのでなければ）自然にできることです。

0.2.2 科学的な姿勢でのぞむ

次に、これも当然のことではありますが、インタビューとその分析は、恣意的なごまかしが混入しない、フェアプレイ精神で行います。インタビューは何かの知識や考え（顧客の現状に対する認識、アイデアなど）が正しいことを訴えるための材料集めではありません。また、「私がお客さんから直接意見を聞いたのだから、私の言うことが正しいんです」と理屈抜きで主張するようなことも間違っています。自分は人間なのだから、アイデアも理解も間違っているかもしれない。その前提のもと、誠実に問い、丁寧に考え、正しい答えを求める。

様々な関係者が対等に検証や吟味ができるよう、得られたデータはなるべくオープンにします。実際に得られた言葉と、そこから「きっとこういうことを言いたかったんだろう」と解釈した内容とは、分けて扱います。また、顧客が自発的に語ったことと、こちらが話題を向けたので「ああ、そういうこともあ

Intro.

はじめに

Chap.
1
計画

Chap.
2
準備

Chap.
3
実施

Chap.
4
考察

Appx.

りますね」と同調したこととは意味が異なるので、これも区別します。

　これを、**科学的・論理的な姿勢**と言ってよいかもしれません。自分が"正しい"と強く信じている、ということは、"正しい"ことの理由にはなりません。正しいことであれば、様々な証拠を挙げながら論理的に（すなわち、誰にでも共有可能な方法で）説明できるはずです。正しさを求めるのであれば、データを示して、多様な人々がそれぞれ解釈したり、検証したりできる状況をつくるのが正当なアプローチです。インタビューを行う、ということになったら、もし、あなたが何らかのアイデアを持っていたとしても、「これは絶対に正しい」という姿勢は捨て、「自信はあるけど、これは疑いうる仮説であり、いくつかの仮説の一つにすぎない」というふうに考えてください。また、仮説検証に関わる情報を関係者と共有してください。自分の解釈だけに頼らず、事実に基づいて皆で考えます。

0.2.3 言葉に関する精度を高める

インタビューでは言葉を用います。言葉は、誰もが使うものですが、正しく扱うのはなかなか難しいものです。

言葉は、会話の文脈（状況や流れ）に位置づけて初めて理解されるものです。例えば「僕はトンカツだ」という発言。人がトンカツ？ そんなわけはありませんよね。でも、その発言が仕事仲間と定食屋に行き、昼食に何を注文するか話していた中で行われたものだとすれば、その人がおかしくなったわけでも、冗談を言っているのでもないことがわかります。人は言葉の本来の意味を理解しながら、状況を踏まえて適切に解釈を行います。

ただ、同じ場を共有していても、対話に参加している人はそれぞれ異なる思考の流れを持っているので、ちょっと聞き間違えたり、理解がずれたりすると、誤解が生じます。これは皆さんも日常で体験していることでしょう。人間の脳は複数の処理を並列に行っていることが知られていますが、意識的処理の容量には制約があります。その人の持っている仮説など、ある考えにとらわれていると、発言を適切に理解できずに、発言の中から都合のよい情報だけを選択的に捉えたり、発言の意味を勝手に解釈して間違った理解を構築したりしてしまいます。

リラックスした普段の会話でも誤解が生じるのに、初対面の相手に限られた時間内で多くの質問を行うインタビューで、誤解の混入を避けるのは容易ではありません。しかも、得られた情報を、後ほど第三者に（すなわち、会話の流れの外にいる人に）適切に伝えるのです。途中に解釈の偏りが混入すれば、一人歩きした解釈はもう正せないかもしれません。

本書を手がかりに、言葉の使い方、受け取り方の精度を磨いてください。

Intro.
はじめに

Chap.
1
計画

Chap.
2
準備

Chap.
3
実施

Chap.
4
考察

Appx.

0.2.4 興味を持ってインタビューを楽しむ

　できれば、インタビューに参加いただいた相手にも、インタビューを楽しんでもらえればいいな、と思います。ウケを狙ってこちらから面白い話をする、ということではありません。

　基本的には、**話をしっかり聞いてもらう**ことはポジティブな体験です。あなたも、誰かが自分の話に興味を持ってじっくり聞いてくれて、うまい質問で話を引き出しながら共感を示してくれたら、悪い気はしないでしょう。気持ちのいいリズム感で問いを継いだり、ピタリと来る要約を返してくれたりしたら、「そうそう、そうなんだよ。私が大切だと思っていることを、よくぞわかってくれた！」と嬉しくなるかもしれません。

　気持ちよく語っていただくには、**明るい雰囲気で、こちらも楽しみながらインタビューを進める**ことです。インタビューの話題や相手に関心をもって、お話をうかがうことが楽しい、と本当に感じていると、それが相手にも伝わるようです。

　うまく進めることができたインタビューで、長時間お話をうかがった後に「ありがとうございました」とお礼を述べると、相手に「いや、こちらこそ面白かったです」とか「話すうちに頭の整理ができて、助かりました」と言っていただけることもあります。それは本当にありがたいことで、こちらも改めて、インタビューって楽しいな、と感じる場面です。

0.2.5 論理・感情・身体のすべてを使う

　インタビューは、自分の持つパラボラアンテナを広げて相手の心に向け、そこから発せられる様々な信号を取りこぼさずに受け取るような作業です。このために、論理（言葉）、感情（関心や共感）だけでなく、**身体**も重要な要素です。人は気づかないうちに、自分の身体の状態から感情や認知に影響を受けています。インタビューでは、質問のタイミングが0.5秒遅れると、相手の頭の中の関心事が移り変わって、そのときに聞き出せたかもしれない話が二度と聞き出せない、といったこともあります。そんな状況で、身体のこわばりは思考や言葉の固着、瞬発力の不足につながります。身体が楽な状態でなければ、心も制約さ

れて、相手の細かな言い回しや表情の変化にも気づくことができません。また、身体の状況によって自分の表情や声色も微妙に変わり、質問の伝わり方も変わります。体調が悪ければ、相手を引き込む力、語らせる力も弱くなっていることでしょう。このような理由で、身体のコンディションを整えることは大切です。

　インタビューの前には、肩や背中、足首、股関節の柔軟体操を行ってみてください。きっと感度の高いインタビューができることと思います。また、機会を見つけて演劇系やカウンセリング系のワークショップに参加し、感情や身体がどのようにコミュニケーションに影響するのか、体験して理解を深めるのもおすすめです。

0.2.6 インタビューのその先を考える

　インタビューがうまくいって、すべての参加者から予定通りにデータが得られれば、それでOK、でしょうか。インタビューを行うのは、顧客の行動や考えを理解することによって、製品・サービスをよりよいものにしたい、という目的があるからです。その目的を達成させるために、インタビューをどのように行うべきか、と考えましょう。場合によっては、インタビューという方法でよいのか、と考え直すべきかもしれません。むしろ顧客とざっくばらんに語り合ったり、逆に、実験のような方法で、特定の場面における人々の行動を詳細に観察したりすることが、よい製品やサービスを考える上で有効かもしれません。さらに、インタビュー結果を受け取って次の仕事を進める人の役割や作業を意識し、その人たちがどんな情報を、どんな形式で（ポイントだけに整理された結果、生データ、全体を俯瞰したダイアグラムなど）受け取れば、発想を刺激されたり、素早く意思決定できたりするのかを考えましょう。また、インタビューに参加いただく方がどんな体験をするのか、そしてそれがどのような影響を及ぼすのか、ということも考えましょう。

　特に製品やサービスを提供する企業の人が、自ら社名を明らかにしてインタビューを行う場合は、インタビュー参加者は "お客様"、相手にとってあなたは "株式会社○○の人" です。あなたの行うインタビューは、相手にとって、"株式会社○○" のブランド体験の一部です。適切に行えば、あなたの会社が顧客の意見を取り入れ、顧客の役に立つ製品を開発しようとしている、といういいイメージを与えることができるでしょう。一方、失敗すれば、相手は「あそこ

Intro.

はじめに

Chap.
1
計画

Chap.
2
準備

Chap.
3
実施

Chap.
4
考察

Appx.

の会社の人、人の話をちゃんと聞かないのよね」などとネガティブに捉え、場合によってはSNSに書き込んでよくない企業イメージをばらまいてしまうかもしれません。最初に述べた、**敬意を払う、気遣いを忘れない、という点は、場合によってはデータ収集の成功よりも優先**されます。

0.2.7 創造的に考える

　インタビューは手法と言っても、何らかの決まったやり方があるわけではありません。毎回、どのようなインタビューにするかを考えて、つくり出します。
　質問の言葉一つ、流れの工夫一つで、相手から引き出せることは変わってきます。言葉で質問するだけでなく、あらかじめデザインされたワークシートに記入してもらったり、何かを持ってきてもらって、それを見せながら語ってもらったりすることもできます。スタンプやシール、カラフルなペンを使って、何かを表現してもらうこともあります。アイデア発想を求めるのも面白いでしょう。こうなると徐々に、お客さんを取り込んだワークショップと言ってもよい感じになりますが、それでもよいのです。お互い座って話をする必要もなく、歩きながら話を聞いてみるのも面白いかもしれません。
　インタビューは、参加者の体験や頭の使い方をデザインする、一種のエクスペリエンスデザイン（experience design）です。お互いの頭を刺激する方法を、自由に、創造的に考えてください。創造的な発見や解決策は、そこから生まれてきます。

0.3 | インタビューのタイプ

インタビューは、モノやコトをつくるプロジェクトの様々な場面で使われます。例えば、新しいビジネスチャンスを発見したい、自分の考えたソフトウェアが顧客に受け入れられるのかを知りたい、サービスのコンセプトが顧客にどう受け取られるのか知りたい、といったときに、インタビューという手段が選ばれるでしょう。しかし、それぞれの場面で行われるインタビューの内容は大きく異なります。

本書では、インタビューを目的によって大きく以下の3つのタイプに分けます。

- **機会探索型**：顧客に共感しながら、その人のおかれた状況や行動・感情、価値観を理解し、機会領域（満たされていないニーズ、新たな製品やサービスが潜在的に求められている領域）を発見する
- **タスク分析型**：製品が提供するべき機能・特徴、またはサービスの詳細を検討するため、顧客の活動やそこでの関心事を理解する
- **仮説検証型**：顧客の特徴や意見、製品やサービスのコンセプト、機能・特徴、操作性など、様々なレベルでの仮説について、それが正しいことを確認し、変更すべき点を特定する

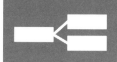

機会探索型　タスク分析型　仮説検証型

Intro.
はじめに

Chap.
1
計画

Chap.
2
準備

Chap.
3
実施

Chap.
4
考察

Appx.

0.3.1 機会探索型

　機会探索型のインタビューでは、相手を人間として全体的に捉え、生活や仕事、特定のモノやコトとの関わり方について知ることで、新しい製品やサービスの企画についてヒントを得ることが目的となります。究極のゴールは、行動も感情も含めてその人になりきるための情報を得ること、とも言えます。インタビューでは、相手の気持ちに寄り添いながら、こちらが共感していきます。結果をまとめる形式としては、**カスタマージャーニーマップ**（customer journey map）、**ペルソナ**（persona）、**現状シナリオ**などが代表的です。得られた共感がスムーズにアイデアに結びつくよう、詳細な分析やドキュメント化を省略して、得られた気づきのポイントだけを整理し、すぐにアイデア発想の作業に移るケースもあります。

注目する情報

　インタビューでは、例えば以下のような情報に注目します。

- その人が大切に思っていること、嬉しいことは何か
- 困っていること、改善したいことは何か
- これからどうなりたい、どうしたいと思っているか
- あるモノやコトは、その人にとってどんな意味をもっているのか

　これらは、相手にとって普段考えたり話したりしない話題でしょうから、突然聞かれても答えを出しにくい質問だと思います。とってつけたような表面的な回答は欲しくないので、きちんと答えてもらうために、質問の内容と流れを工夫します。

0.3.2 タスク分析型

　タスク分析とは、ある製品やサービスのユーザーや想定顧客が、それを利用してどんな活動を行えるようにするべきなのかを検討する際に行う分析です。システム開発で、新しい製品やサービスに関連して、**関係者がどんなことを気にするか**（stakeholder concern）について情報を集める「**要求獲得**（requirement gathering）」と呼ばれる活動に含まれます。

　インタビューや観察を行う場合には、その製品やサービスがサポートしようとしている活動に含まれる、下位の活動（考える、操作する、移動する、調べる、コミュニケーションを行う、など）のリストと、その流れ、ルール（条件分岐、例外状況での対応など）関連する他の活動を把握します。なお、活動には物理的・外的な活動（移動や文書の作成など）も認知的・内的な活動（思い出す、確認するなど）も含みます。タスク分析を通じて、考慮すべき活動の一覧が得られれば、**製品やサービスが満たすべき機能（機能要求）・特徴（非機能要求）**を定義するうえで役立ちます。

注目する情報

　タスク分析を行うときには、つくる製品やサービスの方向性は決まっているので、より具体的に、利用者の活動の詳細を調べます。顧客の現在の活動を調べる、ということは機会探索型にも含まれますが、より網羅的に、詳細に調べていきます。得られた情報は、**コンテクスチュアル・デザイン**（contextual design）の方法に従って**ワークモデル**（work model）と呼ばれる形式に整理したり、**サービスデザイン**（service design）で**メンタルモデル**（mental model）と呼ばれる形式に表現したりします。

Intro.

はじめに

Chap.
1
計画

Chap.
2
準備

Chap.
3
実施

Chap.
4
考察

Appx.

0.3.3 仮説検証型

プロジェクトが進めば、つくる製品やサービスのかたちが明確になってきます。しかし一方で、本当にこれで進めていいのかな、という迷いも生じるかもしれません。様々な情報を踏まえて検討をスタートしたとしても、つくるというクリエイティブな行為では、常に"確認できていないこと"を生み出し、重ねていきます。適切なタイミングで確認しながら進めないと、途中での小さな勘違いが、後になると大きな手戻りコストにつながってきます。

注目する情報

検証する内容は様々です。明確な質問をすることで、以下のような検証を行います。

- **顧客の人物像：顧客の属性に関する想定は間違っていないか**
- **ニーズ：顧客は、自分たちが解決しようとしている課題を持っているか。それは顧客にとって無視できないほど重要な課題か**
- **機能・特徴：顧客の要求を満たすために自分たちが考えた機能や特徴（デザインや操作性）は、本当に顧客に受け入れられ、実際に役に立つのか**

■

以降の章でインタビューの技術を解説していきますが、このようなインタビューのタイプごと異なる態度や技法が求められる箇所があります。そこでは、この3つのタイプを思い出しながら読み進めてください。

また、Appendixに『A.1 インタビュー活用の例』（P.224）として、これら3つのタイプのインタビューが新規サービス開発の中でどのように使い分けて行われるか、イメージを持っていただくための例を示しています。参考にしてください。

Chapter1 計画

TEXT：山崎 真湖人、三澤 直加

計画 のチェックポイント

インタビューの計画

- ☐ 何のためにこの調査を行うのか、目的を設定する
- ☐ どんな人に、何人にインタビューするかを決める
- ☐ インタビュー計画書をまとめ、関係者に共有する

質問と流れの設計

- ☐ 視点ごとに話題を切り分けながら、質問を設計する
- ☐ 具体的な質問を考え、インタビューガイドにまとめる

タイプごとのインタビュー

- ☐ 機会探索では、具体的な体験を聞きながら価値観やニーズのヒントを得る
- ☐ タスク分析では、行われる活動を分析的・論理的に聞く
- ☐ 仮説検証では、誘導を避けながら、しっかり考えて評価してもらう

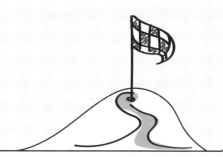

1.1 | インタビューの計画

Intro.

はじめに

Chap.

1

計画

Chap.

2

準備

Chap.

3

実施

Chap.

4

考察

Appx.

よいインタビューの条件とは、何でしょうか。

本書で扱うのは、**"つくるためのインタビュー"**です。製品やサービスを"つくる"とは、人々の新しい生活や仕事の仕方、その体験を形づくること、何らかのよい変化をもたらそうとすることです。本書では、何かをつくるプロジェクトを前に進めるうえで、有効な情報や体験をもたらすようなインタビューを、よいインタビューと捉えます。インタビューの計画では、つくるプロセスで必要となる検討や意思決定を見越して、適切な目的の設定や質問の設計を行います。

1.1.1 目的を設定する

まずインタビューの目的を整理します。プロジェクト（ここではインタビューが含まれるモノ・コトづくりの全体）の状況や顧客の現状、仮説の棚卸しなどを行い、プロジェクトを前に進めるためにどんな情報が必要か特定します。

調査を行うというとき、より上位の目的として、調査結果を報告した後に「わかりました。それではこうしましょう！」と、製品やサービスに関して何らかの意思決定が行われる、そのことがイメージされているはずです。調査の目的とは、**製品やサービスの開発に必要なある意思決定を適切に行うために何かを明らかにする**、ということです。複数の質問を適切に組み合わせて行い、それに基づいた考察を行って、その先に何を得ようとしているのか、が目的です。例えば「若者のコンビニ利用頻度を知る」を目的と捉えるのでなく、コンビニ利用頻度、購入しているもの、商品の選び方、店員とのやりとり、購入の目的以外で気づいていること、などを調べることで「若者が実店舗での体験に何を求めているのかを理解し、新たな店舗デザインを考えるためのヒントを得る」という目的を達成させる、などです。この例のように **"○○を検討する／特定するために（プロジェクトにもたらす価値）、△△を理解する（得る情報）"** といった2段階で考えるといいでしょう。

　目的を定義しておくことで、インタビューの具体的な内容をブレずに設計することができます。目的が特定されていなければ、誰に何を質問すべきかが決められません。また、限られた時間内に収まるよう質問の数を調整する際にも、目的を考慮して各質問の重要さを評価します。

　成果物の内容や形式の確認も必要です。調査の結果だけを報告すればよいのか、何らかの提案が期待されているのか。具体的な発言の記述に重きをおく場合もあれば、結果よりもそれを踏まえて何が考えられるのか、が期待されていることもあります。また、形式は簡単なメモでよいのか、プレゼンテーションが必要か、あるいは報告書かも決めておきます。

プロジェクトの現状、暗黙の前提の理解

　目的を定めるには、まずプロジェクトの現状を理解して、いま何が求められているのかを明確にします。把握するべき情報としては、以下のようなものがあります。

- チームと周辺のステークホルダー、スケジュール
- つくるモノ・コト（ビジネスゴール、提供する価値、**具体的内容**）

- 想定される顧客の属性と状況（活動内容、意見など）
- 市場と競合（関連技術・技術標準、関連製品、関連ビジネス）

　こうしたことを調べながら、プロジェクトメンバー（一人で行う場合は、自分）が知っていること、考えていることも書き出してみます。しっかりした情報だけでなく、根拠は示せないが信じていること、あまり自信はないけど「……かもしれない」と思っていること、思いつきのアイデア、などもどんどん書いてみます。あれこれと書き出していくうちに、考えが深まって新たなアイデアが出てくるかもしれませんし、確認しておくべき情報に気づくこともあるでしょう。当たり前と思ってきた暗黙の前提も、一度自分の外に出してみます。そのうえで、前提に何らかの偏りがないか、根拠の怪しい信念がないか、ということを皆で吟味してみます。これまでの知識や考えを、疑う余地のある "思い込み"、検証すべき "仮説" として捉え直すわけです。この作業は、**自分たちが持っている思考の枠組みに気づき、それをインタビューの前に揺るがしておく、柔軟体操のようなもの**です。これによって、インタビューで調べる観点を広げ、予定調和でないインタビューにすることができます。

　実際には、どんな成果が得られるのかは実施してみないとわからない部分もありますが、大まかな狙いを共有します。

関係者を巻き込む

　インタビューは、これまで持っていなかった情報をプロジェクトに取り入れて、多様な角度から検討するために行うものです。適切に多様性を取り込むには、自分たちの偏った考えで調査計画をまとめてしまい、視野の狭いものになってしまう、という落とし穴を避けるべきです。そのためには、**計画の段階から多様な人々を参加させる**ことが有効です。

　インタビューの計画作業はぜひ、製品やサービスの責任者と問題意識を共有しながら進めてください。その製品やサービスについて深く考えている人（プロジェクトリーダーなど）、プロジェクトの方向性によって影響を受ける人物（デザイナー、開発者など）、適切な情報や意見を提供してもらえる人物（その分野に詳しい人、業界団体の代表者など）に意見を求めてください。製品・サービスの開発では常に状況は変化しており、自分たちが把握できていない情報も

Intro.

はじめに

Chap.
1
計画

Chap.
2
準備

Chap.
3
実施

Chap.
4
考察

Appx.

あるかもしれません。また、プロジェクトの責任者が関与しない状況で計画してしまうと、後ほど「認識が間違っている。こんな調査結果は使えない」と相手にされない可能性もあります。逆に、調査の計画段階で責任者に関与してもらえれば、調査の目標設定もスムーズになりますし、調査の結果にも期待してもらえることでしょう。多くの適切な人物に調査結果を報告できれば、調査そのものの価値がより高まります。

さらに、自社の製品やサービスについてインタビューを行う場合には、顧客から個別の質問やクレームを受け取ってしまうことがあります。こうした場合に誰に報告するべきかを、あらかじめ確認しておくと楽です。

インタビュー実施の当日は、顧客から様々なことを学べる貴重な機会です。できれば、様々な立場の関係者に見学者として参加してもらい、一緒にお客様からお話を聞いたりその解釈を議論したりできるとよいので、そのように提案してみましょう。それが難しい場合にも、密な情報共有を心がけ、間接的にでも関わってもらうことができれば、インタビューで得られた情報がより有効に組織に吸収されることと思います。

インタビューをしたい、という気持ちの中には、顧客と会話をすることでプロジェクトの方向性に自信を持ちたい（安心したい）、発想を刺激されるような異質な体験をしたい、重要顧客に意見を聞き "特別扱い" の感覚を与えたい、といったものが含まれるかもしれません。そうしたことが本当に必要なのか、単に興味本位なのか、という判断は難しいですが、人が行う仕事にはこうした心理的成果も重要です。チームメンバーと相談しながら、自分たちが前進するためのインタビューを創造的に検討してください。

目的の設定で気をつけること

目的を設定するうえで、チェックしておくべきことがあります。まず、「調べる」ことだけに一生懸命になって視野が狭くなってはいないでしょうか。プロジェクト全体の目的、現在の状況、後続の活動を踏まえて、チームを活性化させるヒントが得られるような問いを設定するよう心がけましょう。

容易に想像できること、他の資料からWebで検索すれば明らかなことは調べても仕方ありません。何がわかっていて、何がわからないのかを知るためには、関連する情報（有識者ヒアリングの結果やWeb上の関連技術、顧客事例、他社製品とその顧客、顧客の状況に関する調査データ、営業やサポートなどの顧客接点部門で得られている意見など）を事前に確認しておきます。「このインタビューは本当に必要なのか」とあまり真剣に考えているとインタビューは行えないのですが、一方で、必要性が明確でないのにインタビューを行うのは、わざわざ参加いただく相手の方に失礼です。**事前調査**は深くやり始めると時間がかかるので、詳しい人にも聞きながら、素早くキーとなる情報を見つけて活用します。

事前調査を行って理解が進めば、"その先" にある絞り込まれた問いに集中することができ、調査設計の質も上げられます。ただし事前調査で得られた情報も、その信頼性には注意します。特に他の目的で行われたアンケートやインタビューの調査結果は、目的や対象が異なっていたり、調査時期が古かったりして、当面の目的にぴったり合っていないことも多いため、慎重に捉えます。

設定した目的は幅広い関係者に共有しておくことで、調査からのインプットを待たずに、製品に関する個別の検討が想定や思惑だけで進行してしまう事態を防ぐことができます。

Intro.

はじめに

Chap.
1
計画

Chap.
2
準備

Chap.
3
実施

Chap.
4
考察

Appx.

1.1.2 参加者の属性を決める

　インタビューに答えていただく方は、問いたい状況やモノ、活動についてよく知っている方、思い入れがあったり、経験が深かったり、困っていたりしていろいろと考えている人でなければなりません。そうでなければ、相手もよくわからないまま、推測で答えることになり、得られる情報は自分で考えるのと大して変わらないかもしれません。一方で、参加者の基準が厳しくなれば、適切な相手を探すのは難しくなりますから、当てはまる人がある程度の確率で見つかるような条件を設定します。

　適切な基準を設定することは、インタビューに前向きに協力してもらい、嘘のない回答を得るためにも必要です。インタビューへの参加をお願いする際には、なぜその方に参加してもらう必要があるのか、その方にお話を聞くことで何を学べると考えているのか、を相手に説明します。このとき、自分が参加することが理にかなっていると認識してもらえれば、スムーズに協力していただけますが、なぜ私にこんなことを聞くのだろう、他の調査データを見たり、自分たちで考えたりすればわかることじゃないか、と思わせるような説明であれば、納得して参加いただきにくくなります。

　目的によっては、対象としているユーザーや、ある製品の利用に関することを直接調べるのではなく、あえて別の、しかし何らかの類似性を持った人々や行為を調べることで、対象について新たな目で見直すヒントを得る、ということもあります。

　本来は、そもそもインタビュー調査を行うべきか、アンケートにするか、あるいはワークショップで顧客とともに考えるか、といった方法の検討も、このあたりで行います。"つくる"ために使える情報源、調査方法はインタビューだけではありません。例えば、多様な人々からの意見を集める必要があるならば、インタビューでは時間がかかりすぎます。インタビュー調査を行うことを念頭に準備を進めてきたとしても、**別の方法で調べる方が適しているのでは**、ということも検討してみてください。インタビュー調査では調べにくい内容があった場合には、複数の調査手法や、他の情報源でわかることを組み合わせることも有効です。

ユーザーの属性を決める

参加者を選ぶ際の条件の考え方として、次の2つがあります。

- **基本的な属性**（年齢、性別、職業など）
- **対象とする製品や活動との関係**（特定の製品やサービスを利用しているのか、その頻度や使い方、課題感など）

調査の目的からほぼ直接、こうした条件が絞られる場合もあります。"高齢の主婦が台所の収納について気にしていること"を知りたいなら、60代以上で調理を日常的に行っている（台所について経験と意見がありそうで、お金をかける理由もある）人を対象にするとよさそうです。

誰でもいいから話を聞ければいい、ということはまずないでしょう。**特定の話題に関して最も気にしている人（接触が多い、愛情が深い、クリティカルな要求を持っている、これまで多くのお金を使っている、利用に関して困難が予想される、など）**、開発側が気にしている人（主要な顧客層、もっと購入して欲しい人々、他社との競合で奪われつつある顧客層、新規に現れて企業側がよく理解できていない人々、など）といった基準で、インタビューすべき相手を考えます。狙いを外してしまうと、調査結果が上位目的に合わず役に立たなかったり、相手の知識や思い入れが弱くて参考になる回答が得られなかったりします。

また、相手の属性によって行動や意見が異なる可能性も考慮し、行動や意見が変わる要因となりそうな条件を考え、十分な幅をもった対象者が得られるようにします。その条件が例えば性別や年齢なのか、年収なのか、あるいは住んでいる地域なのかは、目的によって異なります。

Intro.

はじめに

Chap.
1
計画

Chap.
2
準備

Chap.
3
実施

Chap.
4
考察

Appx.

ユーザーの数を決める

　ユーザーを見つける際には、アンケートなどを使って属性を確認し、条件に合った人を選んで参加を依頼することになります。対象者として、稀にしかいない属性の人（例えば山での遭難から生還した人）や、参加してもらいにくい人（例えば万引きの常習者）を必要とする場合には、対象者を見つける段階で時間がかかりがちで、不確実な計画になってしまいます。本当はこうした人から話を聞ければベストなのだが、ここまでなら条件を緩めることができる、と言ったように、事前に**条件を何段階か設定**し、その条件との合致を判定するために**確認すべき属性**を特定します。条件を満たす人の中でも幾つかのグループを設けて結果に違いがないか比較したい、といった場合は、グループの数に応じて必要な対象者の数が増えます。

　1回のインタビューに要する時間は質問の数にも依存します。質問数が多く調査時間が長くなると、条件を満たしていても参加してくれる人の出現確率は下がります。分析や考察、報告資料のまとめにかかる時間も考慮しながら、許された時間（予算）の制約の中で調査者の数と質問の分量を調整します。

1.1.3 計画書を作成する

　調査の目的と概要が決まったら、インタビューの**計画書**をつくります。計画書に含める項目は以下のようなものです。

- **目的**
- **方法**（調査対象者の属性と数、場所、謝礼など）
- **インタビューでの主な話題**
- **得られる成果の概要**
- **スケジュール**

　準備段階では、これから行うインタビューについて、これらの項目を素早く決めます。計画書は、インタビューの概要を自分で確認したり、関係者に送って確認したりするために使えますし、チーム内で認識をそろえるためにも使えます。計画書のサンプルとして、『**A.2 インタビュー調査 計画書**』(P.233) を参考にしてください。

　関係者による確認を経て、計画の内容を修正してください。「インタビューを行うなら、ぜひこんな観点でも聞いて欲しい」といった要求があがることもありますが、そこは全体の目的や現実的制約を踏まえて対応を判断します。また、設計を進める中で、当初設定した目的が適切でなかったことに気づいたり、調査対象（参加者の基準）の幅を広げたり絞ったりするべきだとわかったりすることがあります。こうしたときは、プロジェクトの責任者に率直に報告し、相談しながら、現実的な修正を考えてください。

　計画がほぼ固まったら、**リクルーティング**（recruiting。インタビュー参加者の募集や、参加のお願い）の作業に入ることができます。その段取りや注意点は『**2.1 インタビューの参加者を集める "リクルーティング"**』(P. 059) を参照してください。リクルーティングには一定の時間がかかるため、リクルーティングを進めながら他の準備作業を行います。例えば、質問のリストが完成してからリクルーティングを開始しようとすると日程が遅くなるので、だいたいのところが決まったら参加者の募集準備をはじめ、参加者の募集・選定と並行して質問の設計を詰めていく、といった感じです。

Intro.
はじめに

Chap.
1
計画

Chap.
2
準備

Chap.
3
実施

Chap.
4
考察

Appx.

1.2 | 質問と流れの設計

　流れと質問の設計では、無駄なく確実に目的が達成でき、かつ相手にとって認知的負荷の低い（わかりやすく、考えやすい）インタビューの基本設計を行います。

　インタビューの設計は大変重要です。本番ではアドリブで質問を変えながら予想外の話題にも対応していくのですが、調査の骨格となる基本構造がしっかりしていないと、話題が散漫になってしまって、面白いけど結局何も残らなかった、ということになりかねません。しっかりした設計のもとでこそ、柔軟でありながら意味のあるインタビューが可能になるのです。インタビューの基本的な流れと質問は、**インタビューガイド**としてドキュメント化しておきます。

1.2.1 質問を設計する

　半構造化インタビューで行われる質問には、事前に準備されたものと、その場でつくられるものがあります。

- 事前に設計する質問
  - 目的にとってキーとなる、主要な質問（目指す成果に直結する）
  - 主要な質問をサポートする、周辺的な質問（その回答の理由を問う質問など）
  - 比較・定量化を行うための、標準化された質問

- その場で生成する質問
  - 相手や対話の流れに応じて調整された質問
  - 深掘りしたり、話題を広げたりするための探索的な質問
  - こちらの理解を確認する補強的な質問
  - 相手への関心を示したり、知識や経験での相手の優位を確認したりして、互いの関係を構築するための質問

事前に準備しておくのは、全体構成と主要な質問、そこに対話をスムーズに導くための予備的な質問です。

相手の基本的な属性を確認する

インタビューの冒頭、本題に入る前に相手の属性を確認することは、いくつかの意味で有益です。具体的には、話題や調査の目的によって異なりますが、次のような事柄について質問します。

- 仕事について：業種や業務、企業の規模や戦略、経験年数、組織の中での役割や立場
- 生活について：家族構成、趣味、休日の過ごし方
- 製品やサービスの利用について：お使いの製品やそのバージョン、利用期間や頻度、利用の目的

年齢や住んでいる地域によって、ある話題に関する行動や意識が異なる可能性があります。例えば、自転車に求められることは、団地に住んでいる小学生の男の子、坂の多い街で子供を保育園に送り迎えするお母さん、毎週末に草野球を楽しむ50代の会社員でそれぞれ異なりそうです。どんな人から得られた発言なのかを区別できるようにするため、反応に影響するかもしれない、と予想される個人属性や基本的な行動はすべての参加者に確認します。

Intro.

はじめに

Chap.
1
計画

Chap.
2
準備

Chap.
3
実施

Chap.
4
考察

Appx.

うかがった内容が、どんな背景を持った方から得られたのかを明らかにすることで、分析の段階で人による差異や共通性を考えやすくなります。このために、その人の基本的な属性を調べる質問を加えます。ある人から、他の人々とはまったく異なる意見が得られた際、それが単に、人によって意見が異なる（あるアイデアを評価する人もいれば、評価しない人もいる）ということなのか、ある属性を持つ人々は似た意見を持っていて、あるアイデアが同じように評価される可能性がある、ということなのか、といったことがわかります。

参加者の属性は、リクルーティングの段階である程度わかっているかもしれませんが、インタビューの中でも確認します。リクルーティング段階での情報に間違いがないか確認し、より詳細を知るためです。アンケートの質問に対しこちらの狙い通りに答えていただけていない場合も多いのです。例えばリクルーティングで「一人暮らし」と回答した人でも、当日詳しく聞いてみると、実は二世帯住宅に住んでいて多くの時間を子供の家族とともに過ごす人だった、なんてことがあります（何らかの手違いで、実は条件に該当する参加者ではなかった、ということもあり得ます。このときの対処方法については、『**コラム：想定と違う人だとわかったときの対処法**』（P.122）を参照してください）。なお、参加者を特定し日程調整を行う際、個別に連絡を取りますが、リクルーティングでの質問項目の中でも特に重要な点については、このとき改めて確認しておきます。

この話題を冒頭に行うのは、そうした間違いを発見して対応するためであり、リクルーティングの情報をちゃんと認識してますよ、とお伝えして安心させる意図もあります。また、ご本人についての答えやすい質問なので相手は気楽に答えることができ、インタビューのアイスブレイクとしても適当です。

全体をわかりやすいまとまりに分ける

インタビューでは、相手の頭をどれだけスムーズに使ってもらうか、を考えて、話題の流れと質問の内容・文言（細かな言葉づかい）を設計します。基本となるポイントは2つです。

- 全体をわかりやすいまとまりに分ける
- 聞きやすく答えやすい自然な流れをつくる

まず、大きな話題の区切りを設けます。例えば、"お土産を選びやすい売り場"についてのインタビューでは、以下のような話題が考えられます。

- お土産を購入する状況：お土産を買う場面、贈る相手の概要、渡す状況、お土産にこめた気持ちなど
- お土産を選ぶ際の行動や思考：場面ごとに、かける金額や選ぶ時間、考慮することなど
- お土産選びでの要求や期待：お土産を選ぶときに嬉しいこと、困ること、望ましい売り場についての意見など

　話題は、アイデア発想の進め方や報告書の構成を頭において検討してください。上の例では、「お客様の多くはこんなときに（状況）、このような選び方をして（行動や思考）、こんな点に不満を感じています（要求や期待）。ですから、売り場の改善案としては……」といった報告の流れをイメージして、必要な内容を調べようとしています。「どんな話題で話をうかがえば、アイデアに結びつく情報が得られそうか」「どの話題がそろっていれば、抜けもれなく現状を理解でき、改善のポイントが明確になるか」を考えて、発想や問題解決の局面を見越した設計を行うのです。話題ごとに、具体的な質問を準備していきます。話題とその順番を、インタビューのはじめに伝えると、相手も安心し、インタビュー全体が落ち着いたものになります。

　「まず、あなたご自身がどんなときにお土産を購入するのか、その場面をあげていただきます。次に、場面ごと、どんなふうにお土産を選ぶのかをうかがいます。その後で、お土産を購入するうえでのお気持ちを、より詳細にうかがいたいと思います」

　後ほど詳細をうかがう時間が設けてある、と伝えることで、最初から個別の場面について詳細に語られて時間や話題の管理が難しくなる、という問題も避けられそうです。インタビューの中でも話題ごとに区切りをつけ、「それでは次に、○○についてうかがいます」などと、明確に伝えるとよいでしょう。

Intro.
はじめに

Chap.
1
計画

Chap.
2
準備

Chap.
3
実施

Chap.
4
考察

Appx.

視点を設定する

　"満足度" や "アイデアに対する評価"、"仕事のやり方" などを調べたい、ということも多いと思います。これらはそれぞれ、複数の視点で捉えることのできる複合的な概念ですから、インタビューでは、これらを視点ごとに切り分けてそれぞれ聞いていくと、具体的で詳細な情報を得ることができます。こうした話題の分割・構造化は、商品企画・設計者とともに問題を切り分けて捉えるためにも有効です。よく使われるものとして、次のような分割の仕方があります。

- 問題：現状、理想状態（目標や競合他社のポジションなど）、その間のギャップ
- ユーザビリティ：効果（有効さ）、効率、満足度
- わかりやすさ：情報の見つけやすさ、情報と文脈や意図との関連性、文の構造やレイアウトのわかりやすさ、用語のわかりやすさ、行為の結果の確認しやすさ
- アイデアの評価：解こうとしている問題が相手に存在するかどうか、その問題の顧客にとっての重要度と頻度、アイデアによって問題が解決される度合い（または、もたらされる状況の魅力）、予想される副作用の影響（新しいやり方に慣れるコスト、他の関係者に及ぼす影響など）
- 仕事：関係する人物や組織、空間、道具や情報・文書、活動とその流れ（一つの部署や個人、複数の部署や個人での協調）、価値観やルール
- 経験や考え：現在、過去（これまで）、未来（今後の計画／将来展望）

　ただし、枠組みを提示する際には、こちらで考えたものは便宜上の区別やラベル（用語）であって、相手やその文脈（企業・業界や仕事の内容）によって概念の区別や呼び方が異なることに留意してください。インタビューを行う際には、**こちらの用意した用語にこだわらず、相手になじむ用語をつかみながら、柔軟に調整**します。

　1人の個人の中でも、様々な社会的役割を持っていたりして、1つの話題に対して異なる複数の視点で捉えることのできる人がいます。例えば1人の女性として捉えるのか、子供を持つ親として、または部下を持つ企業人として捉え

るのか、によって、"残業" に関する質問への回答が異なる可能性がある。そのような状況が想定される場合は、こちらから「まずは企業人の立場でお考えください」などと、**視点を設定**しながら質問を行い、それぞれの視点で回答してもらうと、こちらも理解しやすく、相手も答えやすいと思います。

話題ごとに主要な質問と脇を固める周辺的な質問を書き出す

　自分たちの知りたいことだけを質問として並べればいいわけではありません。
　例えばあなたがペットに関する調査を行い、多くの人がペットの医療費がかかりすぎることを気にしている、ということをつかんだとします。ところが、その調査結果を伝えた相手から「調査対象者は本当にペットが好きな人じゃないんじゃないの？ ペットを愛している人なら、そんなことは気にしないと思うなぁ」とツッコミが入るかもしれません。このとき何も参考となるデータを持っていなければ、あなたの調査結果は説得力不足で無視されてしまいます。きちんと質問を設計してあれば、「実は私もその可能性があると思ったので、各対象者のペットに関する他の行動を聞いています。ペットをベッドに入れて寝るような人の方が、むしろこの傾向が強くなっています」などと答えて自分の発見した事実の説得力を高めることができます。メインの質問に対して、その回答が人によって異なることを予測し、**背景をより具体的に問う**質問を配置して、理解を確かにする設計です。

　このように、明確にしたい点を調べるメインの質問と、その背景を確認したり、より詳細な状況を理解したりするための足場固めの質問を揃えていきます。足場固めの質問には、他にも以下のようなものがあります。

- 複雑な質問の場合、その意図を正しく理解していることを確認するため、念のため別の聞き方でもう一度聞いてみる
- 正確に答えていないかもしれないので、具体的な行動の内容を言えるか確認する（例えば「最近京都を旅行した」という回答に対して、いつ、どこを巡ったか聞いてみる、など）
- 仮説が間違っていた場合、どう修正すればよいのかヒントを得るために、その参考となる点を聞く

Intro.
はじめに

Chap.
1
計画

Chap.
2
準備

Chap.
3
実施

Chap.
4
考察

Appx.

調べるべき項目を増やしすぎると、様々な問題が出てきます。まずインタビューする側はあれも聞かなくては、これも聞かなくては、と忙しくなりがちで、相手の表情や細かな言葉の使い方から気づきを得たり、聞きながらしっかり理解したり、追加の質問を補って本質的な回答を得たり、といった余裕がなくなります。答える側も「あ、この人はいろいろ聞くべきことがあって焦っているんだな」と感じますから、テーマの本質に関わるような、一見些細なことを話さなくなります。逆説的なことですが、調査から豊潤な情報を得ようとするならば、**質問の数は必要最低限にする**必要があります。重要な問いを見極め、それを補強する質問を整えたら、あとは当日のアドリブ的な対応を考慮して、時間の余裕を十分に残すようにしましょう。

比較・定量化を行うための標準化された質問を書き出す

　発言などの定性的データは様々な気づきを我々にもたらしますが、例えば、仮説として提示した商品コンセプトに対して高い評価を示した人が何人いたのか、といった**定量的な結果**が示せれば、結論をより明確に示すことができます。
　このようなキーとなる数字を得るには、他の質問のように相手に自由に答えてもらうのでなく（例えば「この商品についてどうお感じですか」）ではなく、定量化しやすいようにこちらが決めた質問（例えば「あなたがこの商品を購入するとしたら、何円まで出せますか？」など）をどの参加者にも同じタイミング（ある話題について聞いた直後、など）で聞きます。条件を同じにするため、質問の言葉や、説明のため例示する内容も揃えて聞きます。都合のよい分析をしたのでないことを示せるよう、自由に答えてもらった回答を調査者が恣意的に分けるのでなく、対象者本人の言葉で定量的な評価を得られるようにします。定量的な評価を求める際には質問紙を使うことも有効です。これについては、『**2.4 他に準備すべきもの**』（P.099）の中で『**定量的に評価をしてもらう工夫**』（P.104）として示しています。

1.2.2 インタビューガイドをつくる

　質問とその順序を、話題のまとまりごとに書いたドキュメントを、**インタビューガイド**と呼びます。インタビューガイドのサンプルとして、『**A.3 インタビューガイド**』(P.235)を参考にしてください。

　インタビューガイドには基本的に、質問の内容を標準的な順序に沿ってすべて、実際に話す言葉で書いていきます。質問する項目を箇条書きしておけば十分じゃないか、という方もいらっしゃると思います。しかし、それを見ながら現場で、適切な質問をわかりやすい表現で、迅速に行う作業を繰り返すのは容易ではありません。対話の流れをリアルにイメージしてテキストで書き、それを客観的に吟味しさらに磨いていきます。

　自己紹介やインタビュー目的の説明、用語の定義、話題の区切りの説明なども、事前に考えて書いておくと効率よく行え、間違いも防げてスムーズです。話題ごと何分かけるか、という時間も見積もって書き込んでおき、時間管理をしやすくします。製品やサービスに関わる関係者はこれを読めばどのような質問が行われるかよく分かり、追加の質問などを考えやすくなります。

聞きやすく、答えやすい自然な流れ

　異なる話題の間で質問が行ったり来たりしないよう、大きな話題の流れをまず決めて、話題ごとに質問を並べます。基本的な流れとしては、**相手が答えやすい質問から始め、徐々に深いものに移っていきます**。例えば「あなたは精神的に健康的な食生活を送っていますか」よりも、「今日は朝ごはんは食べましたか。誰かと一緒に食事をしましたか、それとも1人でしたか」からスタートします。

　答えやすい質問とは、質問が単純で、本人がよく知っていること（現在のこと、身の回りのこと、属性、持ち物など）、プライバシーに触れないもので、短い言葉で答えられるものです。これに対し、答えるのが大変な質問、すなわち、様々な周辺事項を思い出してからでないと答えにくいような質問、個人の経済的状況や悩み・信条に関すること、回答が複雑になり整理して答える必要があるものなどは、インタビューが進み、関連事項をいくつか答えてもらいながら、

Intro.

はじめに

Chap.
1
計画

Chap.
2
準備

Chap.
3
実施

Chap
4
考察

Appx

話しやすい状況ができてきたあたりで問いかけます。

　より細かな質問のまとまりや順序になると、一概には決めにくい部分もあります。例えば仕事の流れについて調べる場合、使っている道具を一通りうかがった後で、個々の道具の詳細をまとめてうかがった方がよいのか、道具を一つ一つ挙げてもらいながら、個別に詳細もうかがっていった方がよいのか。これは含まれる質問の量や複雑さ、相互比較の必要性などによって異なります。個別にする質問と、後から横並びで問う質問とを分けることもできます。

　また、ある製品に関する評価を行う場合には、全般的な評価を得た後で、より詳細な評価（機能ごとの評価など）について質問した方がよいのでしょうか、あるいは、逆がよいのでしょうか。これにも、一つの答えはありません。前に行った質問やその回答が、後の回答にも影響すること（**質問の初頭効果や順序効果**）を理解したうえで、目的や質問の内容を考慮して決めます。

相手が思い出す・評価する作業を助けてあげる

　インタビューは大変です。相手の答えを理解しながら今後の展開を考えて、次に聞くべき質問を組み立て、タイミングをうかがって繰り出さねばなりません。そうしながら、常にうなずきや繰り返しを行い、メモをしっかりとって……。しかし、大変なのはあなただけではありません。回答する相手も大変です。ただでさえ初対面の相手に緊張しているのに、いきなりあれこれと質問されて、その場で回答しなければならないんですから。

　例えば、「親しい友人とのコミュニケーションは、どのようにしていますか？」と聞かれたら、答え始めるまでに、相手はどんなことを考えるでしょうか。

- 「親しい、って、どの程度親しいことを想定しているのかな。いつもは会わない友人についても答えた方がいいのかな」
- 「そもそも、友人って誰がいたっけ。会社の友人は身近だから思い浮かぶけど、他にもいろいろな友人が……。でも急に全員は思い出せないなぁ。ま、面倒だから会社の友人にしとくか」
- 「どのように、って、頻度のことかな、手段のことかな。それとも内容かな。どっから答え始めるかなぁ」

- 「コミュニケーションって、スマートフォンでのメッセージのやり取りも含むのかな。でも、たいした内容じゃないし、コミュニケーションっていうほどでは……。滅多にないけど、電話での会話について答えた方がいいのかな」

例えば、実は会社の友人よりも付き合いの深い大学時代からの友人がいたとしても、その人の話題には触れられないかもしれません。仕事に行き詰ったときにはその人と手紙でやりとりをして何度も救われた経験があるのですが、そんな話もうかがえません。

さて、先ほどの質問に答えた後にも、このように考えているかもしれません。

- 「会社の友人についての話になってるけど、実は会社の同僚って一緒に仕事してるだけだし、僕にとって友達って言えるのかな。でも、そこまで突っ込んで聞いてこないし、話すの面倒だからまあいいか」
- 「何だか質問が曖昧で、何を知りたいのかよくわからないな。この人、大丈夫かな。私の回答をちゃんと分析してくれるのかなぁ。真剣に答えても無駄になるかな」

相手は答えるべきことを選んだり、話を省略してしまったりしています。これでは、相手から引き出せる情報は限定されてしまいますし、正確な回答とも言えません。しかしながら、上の質問そのものは、ありがちな普通の質問です。問題はどこにあるのでしょうか。

例えば、この質問が、以下のような質問として行われたとしたら、どうでしょう。

- 「あなたが、"親友" と思う人たちを3人思い浮かべてください。ここに、それぞれの名前だけ書いていただけますか（紙とペンを渡す）。あだ名やイニシャルでも構いません」
- 「それぞれ、どんな人か簡単に教えてください。あなたが "親友" という言葉からどんな関係をイメージしているのかを知りたいんです」
- 「それぞれ、直接会う頻度はどれくらいありますか。それ以外では、どんな方法でのやり取りがありますか。ここに書いてある、電話、メール、SNS、郵便、その他について、まずは頻度を教えてください。」

Intro.

はじめに

Chap.
1
計画

Chap.
2
準備

Chap.
3
実施

Chap.
4
考察

Appx.

3人に話は限定されますが、相手にはより具体的に考え、自信を持って答えていただけるのではないでしょうか。言葉は流れ（文脈）によって、伝わったり、伝わらなかったり、誤解されたりします。質問が論理的には適切だったとしても、こちらの問いたいことを確実に伝えるための言葉選びが不十分だったり、相手が自然に考える流れが提供されなかったりすれば、こちらの求めている情報は得られません。また、こちらが聞きたいことをそのまま聞くのでなく、相手が具体的に考えやすいよう、ステップに分けて核心に迫ることも必要です。このように、**質問を単独で考えるのでなく、複数の分解された質問からなる対話の流れとして準備する**ことが大切です。

　質問されてとっさに浮かんだ答えではなく、しっかり考えてもらった上で出てきた答えに興味があるのです。このため、重要な質問をする前に関連する話題について考えてもらい、相手の頭を十分暖めておくようにします。例えば、製品・サービスの評価を求める際には、製品の利用場面に関する質問をして具体的にイメージしてもらい、製品の説明を行い、利用に伴うポジティブな側面、ネガティブな側面を幅広く意識してもらい、頭の中に素材を十分並べてもらった上で行います。

　また、人の記憶には**状況依存性**（その状況に身をおく方が思い出しやすい）があるため、いつも使っている"現物"を見せながら話を聞く、あるいは持ってきてもらう、という工夫が有効です。機器やソフトウェアの操作に関する質問であれば、それを用意しておいて、触ってもらいながら質問するとよいでしょう。スマホのアプリに関する質問ならば、ご本人のスマホを操作してもらうとリアルな状況がわかります。例えば、"スマホで撮影した画像を使って、文書や年賀状を作成する"ことについて話を聞きたいのであれば、ご本人が作成したものを持ってきてもらい、それを一緒に見ながら具体的にどうやってつくったのか、どんな点に工夫をしたのかをうかがうと、きっと自慢話を含めて面白いお話が聞けるでしょう。

耳で聞いて簡単に理解できる問い方で書かれているか どうかをチェックする

　まず、**難しい言葉づかいは避けましょう**。例えば、教えを請うときに使う「ご教示ください」や、何かを説明する前置きとしての「説明させていただきます」などは、日常的な会話にはかたいです。あまり堅苦しい言葉づかいをしていると、場の雰囲気もかたくなってしまい、**Chapter 3**で詳説する**"ラポール"**の形成にも影響してきます。「教えてください」「ご説明します」と、率直な表現を心掛けましょう。そのほうが、相手にも理解しやすいでしょうし、より気楽な気持ちで答えていただけるはずです。

　難しい言葉づかいの最たるものは専門用語や開発用語です。商品開発の現場にいるあなたが普段使っている言葉は、普通に生活をしている人には"難解な言葉"です。自分にとっては"日常用語"なので、ついうっかりと口をついて出てしまう可能性がありますが、事前に文言レベルまで質問を設計しておくことでミスを防ぐことができます。つい口をついて出そうな専門用語は、インタビューガイドの片隅に**"NGワード"**として書き出しておくとよいでしょう。できるだけ、専門用語を使わず知りたいことが質問できるよう、言い換えをします。例えば"テザリング"を使わなくても、「パソコンやタブレットを使っているとき、インターネットが使えるスマートフォンを介して、パソコンをインターネットにつないだことがありますか?」などと聞くことができます。質問の効率化などの都合からどうしても専門用語を使って聞きたい場合にはその意味を簡単に説明したり、「"テザリング"についてうかがいます。テザリングとはどんなものかご存知ですか?」と質問したうえで「簡単に説明してみてください」と理解を確認したりします。

　また、**聞き間違えによる時間の無駄、相手が感じる違和感も避けるべき**です。まず文法的に整っていて、正しい日本語であること。同音異義語など誤解を生む表現を避けることや質問文が長すぎないようにすることも大切です。具体的にどのように質問するかを書き出し、それを声に出して読んでみることが対策のひとつになります。音にして聞くことで、ディスプレイや紙のうえで見たときには気づかなかったことに気づけます。

Intro.

はじめに

Chap. 1

計画

Chap. 2

準備

Chap. 3

実施

Chap. 4

考察

Appx.

具体例を準備する

　相手が答えに詰まりそうな質問には、助け舟に使う候補として**具体例をいくつか用意**しておきます。この〝いくつか〟というのが重要で、一つだと、「あ、それ自分にも当てはまるから、そう答えてお茶を濁そう」という感じになるかもしれません。きっと他にもありますよね、というニュアンスを出すため、複数なのです。また、「ぜひこういう視点で考えてみて欲しい」という狙いがある場合は、具体例を使ってさりげなく伝えることができます。例えば身体のケアに関する話題で、鍛える側面だけでなく整える側面についても考えてみて欲しいのなら、具体例として「ジョギング、ストレッチなど」を挙げます。具体例として挙げる内容が相手にバイアスを与える可能性があるため、即興で示すのではなく、事前に用意すべきです。

　なお、もしこちらの予想している回答があれば、それはあえて例に出しません。例に出すと「相手が、あなたが挙げた例に誘導されて答えただけでは？」と後から指摘されてしまうからです。

時間配分と優先度を決める

　インタビューをしていると、予想外に面白いエピソードが飛び出すことがあります。それが目的にとって有用な内容ならば掘り下げてみるべきです。しかし、その話題に時間を使えば当然、他の質問に費やす時間が削られます。

　インタビューガイドには、**話題ごとの時間配分**と、**各質問の優先度**を書き添えておきましょう。そうすれば、「残りの質問に使える時間が○○分くらいだから、ここはもう少し時間を使っても大丈夫だな」とか、「次の質問は重要度が低いから、最悪とばすことになっても問題ないので、この話題をもう少し掘り下げてみよう」といった判断をしやすくなります。優先度の低い質問は、時間が余った場合にする予備の質問と考えることもできます。

　全員に対して必ず聞かなければならない質問がある場合は、インタビューの最後に持っていくことを検討します。例えば仮説検証型のインタビューで、仮説に対する主観評価を取りたい場合などです。どんなに質問が残っていても、〝残り10分〟のタイミングでそれまでの話を切り上げ、主観評価へ移ると決め、それをガイドに記しておきます。セクションや質問ごとの時間配分を記すだけ

では、頭の中で残り時間を計算しなければならず、それを間違えば残念なことになります。"残り10分"だけ意識すればいいと思えれば、気持ちは楽になるでしょう。

依頼を請けてインタビューを行う場合は特に、時間配分や優先度に関する事前の摺り合わせが重要になります。半構造化インタビューは臨機応変さが特長ですが、それは、用意した問いのすべてを網羅できるとは限らないということでもあります。この長短をしっかりと共有したうえで、"絶対に欠かせない"質問はどれか、事前に確認しておきましょう。

インタビューに与えられた時間はあっという間に終わってしまいます。興味本位で聞いてみたい質問を並べていくのではなく、プロジェクトの目的に不可欠な問いを押さえることが大切です。そのためには、その質問をすれば調査の成果物（特にプレゼンテーション）にどのような内容が書けるか、を考えます。逆に言えば、結論を導き、それを説明できる情報がそろえば十分なのです。とても興味がある話題、ぜひ聞いてみたい質問でも、プロジェクトで求められている意思決定に影響しないのであれば切り捨てます。そうすれば、その時間を他の質問にまわすことができます。インタビュー計画の段階からこのような意識を持って、できるだけ精度の高い計画をつくります。

リハーサルと余白

インタビューガイドができたら、すべての質問を声に出して読んでみてください。自分で質問がしっくりこなければ、相手も答えやすいわけがありません。途中でつい「ところで」を頻繁に挟んでしまうようであれば、流れがよくない証拠です。また、異なる質問だけど似すぎていて、同じ質問を二度しているように感じる部分があれば、全体構成がきちんとしていない可能性があります。

同僚など身近な人に頼んで、インタビューの予行演習をしてみることを強くお勧めします。インタビューの目的や計画については知らない人の方がいいでしょう。聞かれて意味が分からなかった質問がないか、答えにくい箇所はなかったか、などとアドバイスを求めてみてください。

インタビューガイドに、回答を記入するスペースもつくっておくと、質問を見ながらそこにメモがとれ、分析する際にも理解しやすいので効率的です。

Intro.

はじめに

Chap.
1

計画

Chap.
2

準備

Chap.
3

実施

Chap.
4

考察

Appx.

1.3 | タイプごとのインタビュー

　『**0.3 インタビューのタイプ**』（P.019）で述べたインタビューの3つのタイプごとに、内容について詳細に考えましょう。

　質問とその流れを考えるだけでなく、回答を受け取る自分の態度や気分も計画することになります。インタビューする人は、細かなニュアンスに気づきながら正確に相手の発言を受け取る測定器であり、同時に、相手の思考と発言を促すムード生成器でもあります。この測定器の検出精度、つくり出すムードの質が、インタビューの成果を左右するのです。目的に応じて測定器の感度を適切にセットすること、場面に応じたムードを演出することが求められます。自分が目的に応じた適切な姿勢でインタビューに臨むことで、気づけること、相手から引き出せることは変わってきます。

　なお『**A.1 インタビュー活用の例**』（P.224）に、3つのタイプのインタビュー調査が一つのプロジェクトの中でどのように使われるのかをイメージできるような架空の事例を示しています。

1.3.1 機会探索のインタビューを設計する

質問の考え方

　人の話を聞く、というのは、物語を読むことに似ています。物語の主人公に感情移入して、一緒に体験をたどり、ワクワクやつらさを共有する。一方で、物語の読み方は読者に委ねられます。想像を膨らませながら、自由に解釈する。その中で、主人公の考え方や生き方について気づきやヒントが得られます。機会探索のインタビューでは、相手の物語にしっかりと耳を傾けて、さらに創造的な解釈を加えながら体験と価値観を理解し、どのようなニーズがあるのか、製品・サービスとしてどのようなものが求められているのかを考えます。

　物語を読むとき、まず具体的な背景（経緯や状況）を理解しないと、登場人

物に共感することは難しいでしょう。インタビューでも同様、まずは相手の生活や仕事の様子（一日、または一週間の行動、一連の仕事の全体像）を一通りうかがったり、ある物や場所とその方との関わりについてのエピソード、ある特定の活動（例えば食事）の様子を語っていただいたりします。行動やエピソードを理解する中で、その背後にある理由や意識を、語り手とともに探っていきます。一般論でなく、自分自身の体験や課題（問題や期待）を語っていただけるよう、質問を準備します。例えば、「人と約束した時間は守るほうですか」と聞くよりも「もっとも最近、人との約束に遅れてしまったときのことを思い出してください。まず誰との約束でしたか」と切り出す方が、特定の体験について具体的に語ってもらえそうです。

　具体的な内容をうかがううちに、相手のことが何となくわかってくる。その過程が重要で、それにはある程度の時間が必要です。相手も、自分の価値観を明確には表せないかもしれませんし、いきなり「あなたにとって、音楽とはどういうものだと思いますか」といったダイレクトな質問をして、答えていただいたとしても、生活の背景がわかっていなければこちらもその答えの意味をきちんと理解できないでしょう。ダイレクトな質問も、話題に関連するやり取りをしばらく行った後であれば、してもいいと思います。こちらで解釈するだけでなく、語り手自身の言葉を得ることは、ときに強力なヒントになります。解釈から生じる質問を相手に投げかけて確認したり、修正したりする。その中で理解は正確・詳細になっていきます。

Intro.

はじめに

Chap.
1

計画

Chap.
2

準備

Chap.
3

実施

Chap.
4

考察

Appx.

あなたのこと
もっと教えて！

なるほど！

機会探索での理想的な姿勢

さらに、求めるもの、なりたい姿などについて、相手のアイデアを求めるような質問も有効です。もし何かが改善できるとしたら、様々な制約を取り払えたとしたら、自分は何を求めるんだろう、そう問われることで、相手は半ばワクワクしながら、創造的なヒントを提供してくれるでしょう。

　"機会"とは、企業にとっては市場機会・事業機会ですが、それは（企業が誠実に行うならば）お客様にとっても生活や仕事をよりよいものに変える機会となるはずです。**機会探索のインタビューを行うということは、"つくる"、"提供する"側と"買う"、"使う"側との間に線を引くのではなく、役割を超えて混ざり合い、より理想的な未来を一緒に考える、**ということです。充実した時間を生み出し、相手の参加を引き出すような質問を工夫しましょう。

インタビューする姿勢

　価値観を引き出すインタビューでは、話を聞く側は"気楽に、素直に、何でも話せる相手"であることが理想です。価値を語る、という際には、整理されていない話となりがちです。こうかもしれないね、こういう風にも考えてるんだ、といったとりとめのない話を受け取りながら、矛盾を突いたりせず、寛容に受け止めてくれる、そんな自分を演出しましょう。明るいやや高めの声で応じ、相手に高い関心を持っていることを伝えるうなずきやオウム返し、「なるほど」を多めに入れます。

　ときには心情や悩みを打ち明けてくださったり、過去のことを思い出したり将来のことを考えながら語っていただくこともあります。当然ながら、このようなときには答えを急がず、うなずきや相づちのリズムもゆっくりにして、相手が落ち着いて考え、語れるようにします。

　話題としては、設定したテーマから大きく外れないようにしますが、細かな質問を用意するよりも、何について語っていただくか、という大枠のみを提示して、語りの内容を理解するための補足質問を行っていく、という感じです。話題を詰め込みすぎず、相手の関心を大切にしながら、自由な展開ができるようにします。一方で、自分の素直な共感の力を活かすため、素朴な質問や、自分の体験を述べながらのやり取りもいいでしょう。相手の仕草にも注目し、その人らしさをつかむようにします。

1.3.2 タスク分析のインタビューを設計する

質問の考え方

　作業の流れに沿って、行われている活動（タスク）を聞いていきます。個々のタスクについて以下のような内容を確認します。

- 作業の名前、内容、目標
- 作業の担当者、その他の関係者、互いのやり取り
- 利用する情報や道具、作業を行う場所の様子
- 例外事態（条件分岐）、気をつけるポイント
- 作業の重要度と頻度

　活動といっても、単に何をするか、ということだけでなく、いつ、どこで行うのか、どんな道具を使うのか、誰と関わるのか、どんな点に気をつけて行うのか、など多視点で捉える必要があります。ここで参考になるのは、**コンテクスチュアル・デザインのアプローチ**です。コンテクスチュアル・デザインでは、**人のおかれた状況（コンテクスト）をフロー（複数の人の間でのやり取り）、シーケンス（作業の流れ）、人工物（道具や情報）、文化（人間関係や人によって異なる関心事）、物理（空間や設備）の5つの視点**で捉えます。『デザイン思考の道具箱 —— イノベーションを生む会社の作り方』や『ユーザビリティエンジニアリング—ユーザ調査とユーザビリティ評価実践テクニック』といった書籍でも解説されていますので、参考にしてください。

　仕事に関する調査の場合、対象とする業務に関する資料を参考にして、作業の一般的な流れや、（エキスパートや先進的な人が採用している）理想的なやり方を理解できれば、それを、インタビュー対象者が行っているタスク群を考えるベースとすることができます。また、その活動を支援するソフトウェアや管理手法が存在するならば、その内容を調べることで、どんなタスクが存在しそうなのかを知ることができます。こうした下調べをして概要や用語を理解しておくことで、スムーズな質問の設計や実施ができるでしょう。もちろんそれで十分なのではなく、そうした情報を手がかりにしながら、より具体的な作業の

Intro.

はじめに

Chap.
1
計画

Chap.
2
準備

Chap.
3
実施

Chap.
4
考察

Appx.

やり方、一般論ではなく人ごとに異なる生の状況を理解するためにインタ
ビューを行います。

　さらに、対象とする作業に包含される活動だけでなく、関連して行われる他
の活動も調べておきます。そうした活動を取り込むことで、実際に形づくられ
た活動の輪郭が見えてきます。活動の全体が見えてくれば、活動全体を整理し
てわかりやすくしたり、他の活動とスムーズにつながる活動の流れを検討した
りできます。また、活動における人々の評価や感情を考慮することも大切です。
ここでの作業方法については、詳しく説明している書籍『メンタルモデル－
ユーザーへの共感から生まれるUXデザイン戦略』を参考にしてください。

わかりました。

他のやり方は
ありますか？

タスク分析での理想的な姿勢

インタビューする姿勢

　インタビューの内容は基本的に事実ベース、論理的で詳細なものとなります。
相手に求める思考も分析的・論理的なものです。大雑把に何となく理解するの
でなく、この場合はこう、一方別の場合にはこう、という**場合分けの存在**を意
識します。情報をいただく相手には、記憶の曖昧なところもできるだけこだ
わって思い出し、報告していただけるようお願いします。集中して効率的に情

報を得る必要がありますから、質問はキレよく、テキパキと行います。タスクごと、様々な角度から質問をしていくので、話が前後したり、途中で枝分かれしたりした場合には特に、質問の抜け漏れがないように注意しなければなりません。表形式のメモ用紙を手元に置いてインタビューを進める、作業の流れを図に描き、相手にも見てもらいながらインタビューを進めるなど、自分が楽になる工夫をしましょう。

同時に、その面倒でかたくなりがちなインタビューをいかに柔らかなものに仕立て、相手を疲れさせないようにするか、という点にも配慮します。「わかりました」「ありがとうございます」などのフィードバックを示したり、相手の思考を助けるよう、途中で話を整理したりしながら進めます。

1.3.3 仮説検証のインタビューを設計する

質問の考え方

インタビューを行って仮説検証する場合、製品やサービスが人々の好みや価値観、使い方、求める性能や品質に合っているか、受け入れられるか、を調べることが多いでしょう。これに関連して、「自分たちのサービスを求めてくれるのはこんな人たちだろう**（顧客についての仮説）**」、「このような属性の人たちは、こういった行動をとっているはずだ**（顧客の行動についての仮説）**」、「このような場面では、人々はこう感じるはずだ**（顧客の認知についての仮説）**」を確かめることもあります。

インタビューを設計する前に、まず当然ながら、検証すべき仮説を特定します。仮説が曖昧で明確に言語化されていなかったり、検証できるほどに詳細化されていなかったりした場合には、製品・サービスの責任者に問い詰めます（必要な場合は、一緒に考えます）。仮説は勝手に考えないでください。苦労して調査を行った後で、責任者から「いや、そういう仮説じゃないから」と言われればおしまいです。

製品を評価してもらうとき、「これ、どうですか？」とざっくり聞いただけでは、製品のどの点についてどのような評価観点で語ってもらうかをコントロールできず、質も揃った情報を集めることはできません。観点別に話題を切り、それぞれ詳細に聞きます。例えば水筒の場合、携帯性、保温性、ファッション性

Intro.

はじめに

Chap.
1
計画

Chap.
2
準備

Chap.
3
実施

Chap.
4
考察

Appx.

など、いくつかの観点が考えられるでしょう。検証する際には「何となくよい」ではなく、「**どのような観点でよいと評価されるのか**」（**すなわち、どの部分は十分で、どの部分に改善が求められているのか**）を理解できるようにします。このため、有効そうな観点ごとに情報が得られるよう、質問を用意します。観点には先ほどの例のような評価軸（意味軸）もあれば、購入するとき、飲み物を入れるとき、携帯するとき、飲むとき、洗うとき、などのステージ（時間軸）、全体、キャップ、栓の部分、内側、などのパーツ（空間軸）、さらにはどんなシーンを想定するのか（複合）も考えられます。プロジェクトに応じて、また製品やサービスの狙いによって、適切な観点を設定します。

　質問では仮説について、それが“その人に”当てはまるのか、受け入れられるのか、といったことを聞くのが基本です。世間一般の評価はこうだろうな、とか、こうした機能が必要な人が多いだろうな、といったことを考える人も多いので、「一般論ではなく、あなたご自身にとってはどうなのか、という観点でお答えください」とお願いして、個人的な意見をいただくようにします。例えば、10年以上ひどい花粉症に悩まされている人と、花粉で困ったことのない人とでは、空気清浄機についてのコメントは異なるでしょう。どんな人による評価なのか、も知る必要があるため、**インタビュー相手の属性や経験、活動の内容・頻度**なども調べます。

　こちらからダイレクトに仮説を示して意見を求めると、相手がこちらの意図を読んで話を合わせるような回答になってしまいがちです。これを避けるには、“もし仮説が正しければ、このような行動やニーズが存在するはず”というような、**ある仮説が成立するための状況証拠を特定し、それを確認していく**、という方法が有効です。例えば“ノイズの小さい空気清浄機が求められている”という仮説を検証する際、空気清浄機を使っている人に、「あなたは空気清浄機をどこに置いていますか」「それはなぜですか」、「空気清浄機の動作モードを切り替えますか」「それはなぜですか」という質問をしても、先ほどの仮説を相手に悟られることはなさそうです。こうした質問を行っているうちに、もし相手が動作時のノイズを気にしており、ノイズを抑えるために苦労している、ということがわかれば、それで仮説の正しさが示されます。またこのような行動・認知の様子を確認することで、体験の根拠を理解することができますし、もし仮説が違っていた際に、ニーズがなくて受け入れられないのか（ノイズは気になるが対処に困っていない、など）、実現方法に問題があるのか（ノイズは

減らせてもパワーがないと使えない)、などがはっきりし、後で方向修正をするためのヒントも得られます。

　しっかり考えて意見を述べてもらうために、思考の流れをつくってあげることも重要です。いきなり「これについてどう思いますか？」と聞くと、相手は自分の生活や仕事の背景を幅広く思い出すことなく、手近に思いつくある一面を捉えて、いいとか悪いといった判断をすることもあります。こうした問題を避けるには、検証したい内容の周辺の話題について質問し、その人の考えや生活・仕事の様子を教えてもらった後で、検証に入ります。意識してもらいたい枠内で話題を振って、頭をウォーミングアップしてもらい、考える材料を頭の中に集めておいてもらった上で、それを踏まえた回答をしてもらうのです。また、背景となる現実の情報を語っていただいた後では、一般論に逃げる表面的な回答もしにくくなります。

仮説検証での理想的な姿勢

Intro.

はじめに

Chap.
1
計画

Chap.
2
準備

Chap.
3
実施

Chap.
4
考察

Appx

総合的な評価を得ておきたい場合には、初めに一度全体評価を求め、観点ごとに詳細に考えてもらった後、最後にもう一度総合評価を求める、というやり方があります。第一印象での評価（何となくよい・悪い）も参考になりますが、個別の観点で詳しく考えてもらった後、改めて俯瞰的に考えてしっかりと評価してもらいます。

インタビューする姿勢

　相手に、頭をしっかり使って自分の考えで答えてもらうことに集中します。現実について相手にしっかりイメージしてもらうこと、誘導を避けることに気をつけましょう。また、仮説に対する顧客の評価・反応を得ようとするだけでなく、顧客の現状や考えを理解することが大切です。なぜそのような反応になるのか、がわかれば、まず納得がいきますし、どのような変更が求められているのか（完全に考え直した方がいいのか、表現レベルの変更でよいのか、など）もわかって、先に進むことができます。基本的に「我々はどうすればあなたのお役に立てるかを考えています。率直に評価してください。もし修正が必要なら、ヒントをください」という誠実で前向きな態度で望んでください。質問は心持ちゆっくりと、低い声で。自分の生活や業務の改善について考えるのは面倒なことで、現状のまずさを認める心理的な負担も伴います。相手には、「面倒だから現状のままでいいよ」という姿勢ではなく、現状を改善するとしたらどうすべきか、とやや前向きな姿勢を持っていただき、それを、自分を含むチームと一緒に考えましょう、という雰囲気を伝えます。

Chapter 2 準備

TEXT：伊藤 英明、古田 一義

準備 のチェックポイント

インタビューの参加者を集める

- ☐ 参加者の募集には十分な時間（２週間程度）を確保する
- ☐ 募集方法、スクリーナーの配布・回収方法を決める
- ☐ 必須の条件、優先する条件に当てはまるか確認するためのスクリーナーを作成する
- ☐ スクリーナーに恣意的な質問や、解釈がぶれそうな質問がないかを確認する
- ☐ 日程、開催地やリモートでの参加方法、謝礼など、参加の判断に必要な情報を伝える
- ☐ 確定した参加者に、日時、開催地や参加方法、用意するものなどを伝える

環境とセッテイング

- ☐ オンライン／オフラインの長短を理解し、適切に使い分ける
- ☐ インタビュー中、利用状況をイメージしやすいよう工夫する
- ☐ 気持ちよく話してもらうための、気遣い小物を準備する
- ☐ オンラインでは、対話／中継体制を構築し、参加者がスムーズに接続できるよう事前調整をする
- ☐ オフラインでは、感染症予防策を講じた上でも、しっかり声が録れるよう収録体制を整える

2.1 インタビューの参加者を集める"リクルーティング"

Intro.
はじめに

Chap.
1
計画

Chap.
2
準備

Chap.
3
実施

Chap.
4
考察

Appx.

前章を読んで、どのようなインタビューにしようかイメージは固まってきたでしょうか? あなた自身の準備も大事ですが、相手があってのインタビューですし、環境や機材の用意が不十分では思い通りのインタビューはできません。本章では、インタビュー実施までの下準備として必要な、参加者、実施する場所、使用する機材の用意について解説していきます。

"リクルーティング"とは、一般的には企業が目的のビジネスを実行するために適した人材を集めるための募集や採用活動のことを指しますが、インタビューの文脈においてはインタビューの目的を達成するために必要な話を聞かせてくれる参加者を集めることを指します。

この節では、リクルーティングの手順や募集方法、『**1.1.2 参加者の属性を決める**』(P. 030)で検討した条件に合ったユーザーを選ぶための質問を考える際に気をつけるべきことなどについて解説します。

2.1.1 参加者の募集方法を決める

人同士の繋がりを使って募集 (機縁法)

"機縁"とはきっかけ、縁という意味で、知人をたどって参加者を見つける方法です。個人やスタートアップなどの規模でまずは誰でもよいから話を聞いてみたいという場合でも使いやすい方法です。個人同士の繋がりで、インターネットを使っていない人(例えば、特別養護老人ホームの利用者など)や、希少な商品や高額な商品のユーザー、特定の職業・業種の人、極端な高所得者など、特殊な条件に該当する参加者を見つける際にも用いられます。

頼みやすいからといって直接の知り合いを参加者とするのは好ましくありません。インタビューをする人とされる人とがお互いのことを知っているせいで"わかっているつもり"の会話になりがちだからです。最低でも"知り合いの知

り合い" くらいの関係が望ましいです。

　SNSを活用することで以前より可能性が広がった方法でもあります。個人の繋がりに頼った方法であるために、以前は直接連絡が取れる関係を通じて繋いでいける範囲までが限界でしたが、SNSを通じた紹介や募集のシェアなどで繋がれる範囲がぐっと広がりました。

　企業が主体でインタビューを行う場合に、その企業の製品やサービスのユーザーを参加者とすることもあります。これも機縁法の一種と言えるでしょう。この場合は注意が必要で、既存ユーザーであるがゆえに「インタビューではあまりネガティブな意見を言ってはいけないのではないか」などを気にして、忌憚のない意見を得ることができないという可能性もあります。そうならないように、インタビュー冒頭のタイミングで聞き手は進行役に過ぎず、調査のテーマとなっている製品の開発に関わっていない第三者的な立場の者であるということを説明しておくなどの工夫をするとよいでしょう。

専門の会社に依頼して募集

　個人や企業が主体となって参加者を募集する場合、どうしても募集できる範囲（人数、ユーザ層）には限度がありますが、リクルーティングを専門とする会社を通して募集した場合には数千、数万人単位の会員を候補者として募集をし、そこから参加者を選ぶことができます。

参加者の条件だけを用意したらあとは募集から参加者の決定まですべておまかせにできる場合や、募集先となる会員だけを紹介してもらう場合などがありますので、自分たちだけではできない範囲を依頼するのがよいでしょう。

　どこの会社に依頼するべきかについてですが、日本マーケティングリサーチ協会に所属している会社であれば、インタビュー参加者の募集も慣れていますし、登録している会員の数や信頼性の問題もありません。

　また、この方法で募集された参加者は専門の会社に登録した会員であることがほとんどのためリテラシーなどに偏りがある場合があります。例えば、パソコンやスマートフォンのある生活を当たり前にしている傾向があるため、こういったユーザーが参加者になることをよしとするかあらかじめ避けるかをインタビューの目的によって判断する必要があります。インタビュー時の受け答えに慣れ過ぎた参加者もいるため、こちらからの質問に忖度して答えてしまうこともあります。そうした参加者もいるということを理解しておきましょう。気になるのであれば募集時の質問で機器の利用や過去のインタビュー参加歴などを確認するのもよいでしょう。

2.1.2 スクリーナーを作成する

　参加者の条件と募集方法が決まったら**"スクリーナー（screener)"**を作成します。

　スクリーナーとは、**条件に合った参加者を判断するための質問、質問群**のことで、何かをふるいにかけて目的のものを選別するという意味の"screening"という言葉が元になっています。

　基本的な属性である年齢、性別、職業は、どのようなインタビューの場合でもスクリーナーの前半で質問することになります。インタビューの内容には直接関係しない場合でも、ごく一般的な質問としてスクリーナーの前半で確認することでスクリーナー全体の中でウォーミングアップの役割を果たします。最初から製品やサービスの使い方のような細かいことを質問するのは回答者にとって唐突な印象を与えるため好ましくありません。

　基本属性に続いて、インタビューで聞きたいことに関係する参加者の状況や、考え方について質問します。対象になる機器を利用したことがあるか、利用の度合いは初心者からヘビーユーザーまでの中でどこに位置するのか、利用上の

Intro.

はじめに

Chap.
1
計画

Chap.
2
準備

Chap.
3
実施

Chap.
4
考察

Appx.

困り事や気を付けていることがあり、それを具体的に聞くことができそうかなどを知るための質問です。インタビュー参加者の中でバリエーションがあるように集めるのか、あるいは、ある使い方に特化した人だけを集めるのかなど、インタビューの目的によって質問を検討していきます。

インタビューに適した参加者かどうかを確認するための質問

　こちらが注目するサービスや機器を使っているか、興味はあるか、将来のユーザーになりそうな人物かなどを確認するための質問です。

対象となるサービスや機器の利用経験に関する質問

　例えば、"あるスマートフォン用アプリのヘビーユーザー"にインタビューをするとしましょう。そのアプリに対する不満や課題、要望などをインタビューで確認したい場合、必須条件は"スマートフォンを利用していること"や"対象のアプリを利用していること"になるでしょうか。これらの条件に当てはまらなければ、インタビューで聞きたいことの多くについて聞けないことにもなりかねません。

　ただし、機会探索型や仮説検証型のインタビューの場合には、現状では利用経験がないユーザーも、検討中のサービスや機能によって解決できる課題を持った「将来のユーザー」として参加者の候補になり得ます。

利用したことのあるものに関する質問

　サービスの利用に関するインタビューを行う場合、特定のものしか利用しない（例えばECサービスの場合、Amazonしか利用したことがない）のか、様々なものを利用するのかは、参加者とサービスとの関わりを理解するための一要素となります。

　主要なサービスを選択肢として用意し、利用したことがあるものをすべて回答してもらうことに加え、選択肢に無いものを利用したことがあっても回答してもらえるように「その他」の選択肢も用意しましょう。

　また、サービスの利用について質問する際、質問中の選択肢の内容から、募集の条件が悟られないように注意する必要があります。例えば、このような質問があったとしましょう。

Q. あなたはAmazonジャパンのサイトで買い物をしたことがありますか？

　　1：したことがある

　　2：したことはない

　これでは、Amazonジャパンのサイトを使ったことのある人を募集しているのかな？ ということが暗にわかってしまいそうです。インタビューの参加謝礼が目的でわざと条件に合うような回答をする人がいないとも限らないですし、より信頼性の高い情報を集めるための工夫が必要です。

　例えば、このように質問文と選択肢を変えた場合はどうでしょうか？

Q. 以下のECサイトについて、あなたが使ったことのあるものを教えてください（複数回答可）

　　1：Amazon ジャパン

　　2：楽天市場

　　3：Yahoo! ショッピング

　　4：……

　　5：……

　　6：その他（具体的に教えてください【　　　　　　　　　　　】）

　こちらのほうが、募集側の意図がくみ取りにくくなるので、フラットな気持ちで回答してもらえるでしょう。

利用頻度や利用歴に関する質問

　利用経験のあるものを確認する流れで、その習熟度や知識などが初心者からヘビーユーザーまでの中でどの位置にあるのか判断するための質問を設けましょう。「あなたは○○の利用について初心者ですか？」と質問しても、回答者の主観による "初心者" によって回答にブレが出てしまいます。客観的に判断するための質問を用意しましょう。

　利用頻度については、例えば「日常的に利用する」「必要なときだけの利用か」「使ったことがある、という程度」のような選択肢が必要になります。

　日常的な利用を更に細分化するために「毎週利用する」「月に数回」「月に1回程度」…のように選択肢を増やします。ここをどの程度まで細分化するのかに

Intro.

はじめに

Chap.
1
計画

Chap.
2
準備

Chap.
3
実施

Chap.
4
考察

Appx.

ついては、どのくらいの頻度のユーザーをインタビューの参加者としたいかによって検討するとよいでしょう。例えば、ヘビーユーザーをターゲットとする場合は、依頼主などと合意の上でヘビーユーザーと考える頻度の境目を設定し、それ以上 or 以下がわかるように選択肢を増やすといった検討の進め方になります。

　利用歴についても「利用し始めて○ヶ月以内」「○年以上」などを選択肢にして回答してもらいます。対象になるサービスの始まった時期を把握しておくと、この回答によって開始当初からのユーザーなのかも把握することができます。また、利用歴のように過去にさかのぼっての経験に関する質問には「わからない、覚えていない」といった選択肢を設けておくと、「よく覚えてないから適当に○年以上ということにしよう」といった適当な回答を防ぐことができます。

　このような利用の状況に関する質問の際は、こちらの意図とは異なった解釈をして答えられることは避けなくてはなりません。

　例えば、自動車の利用に関するインタビュー参加者を募集する際に、所有している自動車やその利用について確認するとします。複数の自動車を所有している場合は、所有している自動車のメーカーや車種などについてすべて（もしくは最も利用頻度の高いものだけにするなど）答えてもらうことになるでしょう。それに続く質問では、利用のしかたについて聞く際に対象を"所有している自動車全体についてまとめて"とするのか、"最も利用頻度の高いもの"に限定するのかを明確にしないと、回答者の解釈によって回答の内容が変わることになってしまいます。

　具体的な方法としては、質問の最初に「あなたが自動車を利用するシーン全体についてお聞きします」や「お持ちの自動車の中で最も利用頻度の高いものについてお聞きします」などと明記することで、質問の対象を明確にします。

　ここまでで挙げた質問や選択肢の考え方はあくまでも一例に過ぎませんが、有意義なインタビューにするためにはインタビューの目的に対して多くの情報を持った参加者を選び出せるようにスクリーナーの質問を設計する必要があります。

より多くの情報を持ったユーザーかを確認するための質問

　リクルーティングの段階で、インタビューの話題に対して多くの事を考えて

いる、意見がある、関心や思い入れがあるなど、より多くの情報を持った参加者かどうかを確認するための質問をするとよいでしょう。「サービスに対する現状の不満や課題を洗い出すこと」が目的のインタビューであれば、下記のような質問を用意するのが適切です。

対象となるサービスや機器の利用に関して困っていることに関する質問

限られた時間・人数の中で有用な情報が得られる有意義なインタビューにするためには、現状の利用に不満があり、それを具体的に言語化できる参加者を選ぶ必要があります。

想定される困りごとを一覧した選択肢を用意することに加え、具体例として困ったときのエピソードを記述してもらうような質問も設けておくと、インタビュー時に具体的な話を聞くことのできそうな参加者かどうかを判断する材料になります。

困っていることに対して、自身で気を付けていることや対策としてやっていることに関する質問

不満や課題に対する向き合い方を理解するために、それをどうにかしたいと考えているのか、仕方のないものとして受け入れてしまっているのかなどを確認する質問です。

困っていることがあると回答されたサービスを対象に、気をつけることや対策を想定することが可能であればそれを選択肢とした質問を用意します。ただ、困りごとへの対処は人それぞれで用意された選択肢に当てはまらないことも多いため、自由記述での回答もできるようにするとよいでしょう。

候補者に応募を検討してもらうための情報提供

スクリーナーを作成したら、それを元にWebアンケートを作成します。Webアンケートには、参加者をふるいにかける質問とは別に、応募を検討してもらうためにいくつか情報提供をする必要があります。

募集の目的を伝える

参加者に安心して回答してもらうために、誰が、どういう目的でこの調査を

Intro.

はじめに

Chap.
1
計画

Chap.
2
準備

Chap.
3
実施

Chap.
4
考察

Appx.

行うのかを伝える必要があります。

　この段階からインタビューを実施するあなたや団体・企業と、参加者との信頼関係の構築は始まっています。特に、個人情報の利用については敏感な人も多いので、安心して答えてもらえるようにしましょう。

　具体的には、募集を行っている団体や企業名を明らかにして担当者や連絡先も分かるようにしておくこと、何が目的のインタビューなのか、インタビューで得た情報をどのように利用するのか、情報を利用する際には個人が特定できない形（例えば、"30代 男性 会社員"の意見とする）に加工することなどを伝えておけば十分でしょう。

開催地と謝礼を伝える

　インタビューの日程や所要時間の他にも、インタビューに参加するかどうかの判断に必要な情報がありますので、Webアンケートへの回答を始めてもらう前に伝えておくとよいでしょう。

　例えば、"インタビューの開催地"は、参加者の自宅や職場から近いかどうか、何かのついでに立ち寄ることのできる場所かどうかなどの確認に必要です。Webアンケートに答えておいてから自分が参加できない場所や日程のインタビューだったということを避ける事ができますし、参加しやすい場所であればWebアンケートへの回答率も上がるでしょう。場所の選定については、『**2.2.1 インタビューを行う場所を決める**』（P. 077）を参考にしてください。

　"参加者への謝礼"もWebアンケートへの回答を始める前に知っておきたい情報に違いありません。インタビューに対する謝礼の額は、条件や拘束時間によって前後しますが1時間のインタビューに対して6,000円〜10,000円ほどを用意します。参加者を機縁法で募集する場合は、紹介者に対しても謝礼が用意されているのか、額はいくらなのかを伝えておきましょう。

　また、インタビュー会場までの交通費をどう扱うかについても決めておく必要があります。参加者に会場までの交通費を確認し、謝礼とは別に精算する方法もありますが、参加者の居住地域がある程度限定されている場合には謝礼を高めに設定して"交通費込みの謝礼"とすることで、別途精算の手間を省くこともできます。

インタビューの日時を伝える

　インタビューの日程は、参加者自身が参加できるかどうかを判断するための大切な情報です。Webアンケートへの回答を始める前に伝えてあげなければなりません。

　また、インタビューの所要時間も知りたい情報の一つでしょう。インタビューの設計がある程度まで進んでいれば、一つのセッションに要する時間が60分なのか、90分なのか、目処は立っているはずです。あるいは、予算や日程などの都合で最初からかけられる時間が決まっている場合もあるかもしれません。

　1セッションあたりの時間を60分とした場合、1日のタイムスケジュールの例は次のようになります。

セッション1	10：00〜11：00
セッション2	11：30〜12：30
セッション3	14：00〜15：00
セッション4	15：30〜16：30
セッション5	17：00〜18：00
セッション6	18：30〜19：30

　セッション間のインターバルは30分程度とするのが一般的です。長過ぎるように感じるかもしれませんが、次のセッションの準備としてやらなければならないことが案外たくさんあるのです。インタビューガイドをはじめとする書類の用意、次の参加者にお渡しする謝礼や飲み物の準備、記録機材やプロトタイプの動作確認など、慣れないうちは10分や15分では余裕がないかもしれません。

　前のセッションが長引いたり、次のセッションの参加者が早めにインタビュー会場に到着してしまったりといったイレギュラーがあった場合への対処、前のセッションの内容を受けて質問のしかたを調整するなどであっという間に過ぎてしまいます。他に頼れるチームメンバーがいる場合は、事前にしっかりと役割分担をしておきましょう。なにもかも一人で対応しなければならない場合は、少なくとも30分、できれば45〜60分ほどの余裕を見てスケジュールを

Intro.

はじめに

Chap.
1
計画

Chap.
2
準備

Chap.
3
実施

Chap.
4
考察

Appx.

立てることをおすすめします。

　セッション間に休憩をとりつつ、安心して毎回のセッションのスタートを切るための準備をする時間と考えましょう。

　Webアンケートにインタビュー実施日とセッション時間帯の一覧表を用意し、どの日にちのどの時間帯に参加可能かを答えてもらいます。

　ある実施日はいつでも参加できるという回答をしやすいように、「終日OK」のチェックボックスを用意する心配りがあるとよいでしょう。

　いずれにしても、何日かけて何セッションのインタビューを行う必要があるのかを踏まえて時間割を作成し、Webアンケートにそれを記します。

　"インタビューの様子を撮影、録音するかどうか"については、募集の段階で気にする人もいますし、しない人もいます。ただ、撮影や録音があるのにそのことが伝わっていないと、参加の最終確認をする段階でお断りされたり、インタビュー当日にトラブルになったりすることがありますから、伝えておくようにしましょう。

Webアンケートへの回答にかかる時間の目安を伝える

　多くのことを確認したいと思うあまりに、回答に時間のかかるWebアンケートになってしまうこともあります。あとどれくらい答えるのかわからない状態で回答を続けることは回答者にとって苦痛ですし、途中で回答をやめてしまうという人もいるでしょう。また、回答を始めてみたら意外と時間がかかってしまって、終盤の質問では適当な答えになってしまったということでは、正しい回答が集められません。

　不必要な質問を減らすことも大事ですが、Webアンケートの冒頭に回答にかかる時間の目安を提示しておくことで、回答者は安心できますし、時間がかかる場合でもそれを承知した上で答えてもらえます。Webアンケートを作成した後にプロジェクトのメンバーなどに試してもらい、それを基準に少し長めの時間を目安として提示することにしましょう。

2.1.3 Webアンケート配信と参加者の選定

　スクリーナーを作成したら、それを元にWebアンケートを作成し、配信します。

オンラインのサービスを使ってWebアンケートを作成

　参加を希望する人が条件に合っているかどうかを確認するための質問を掲載したWebアンケートを作成し、その回答結果の回収と集計までを行うためのシステムを用意する場合、これまでは初期投資や維持費がかかるために必然的に専門の会社に依頼した場合でしか利用できず、個人やスタートアップなどでコストをなるべくかけずにリクルーティングを実施したい場合には不向きでした。
　最近ではオンラインのアンケートサービスを活用することで、これを容易に行うことができるようになってきました。Googleフォーム、SurveyMonkey（https://jp.surveymonkey.com/）、Questant（https://questant.jp/）のような、無料からでもWebアンケートを作成し、回答の回収や集計までができるサービスも増えています。

Webアンケートを配信する方法

　『**2.1.1 参加者の募集方法を決める**』（P. 059）に記したどの方法で募集するかによって配布できる対象の幅や、人数規模が変わってきます。
　会員制度を持っている調査会社やリクルーティング会社に依頼する場合は、その会員に向けてメールやSNSなどでWebアンケートを配信します。
　調査会社などに依頼しない場合は知り合いやコミュニティを通して配信し、回答してもらうことになります。それだけではどうしても数が少なく、条件に合った参加者を探すのが難しい場合は専門の会社に依頼することも必要でしょう。

Webアンケート配信のタイミング

　インタビューの実施日に対して、どのくらい前の時期にWebアンケートの配信をすればよいでしょうか？　配信してから参加者に答えてもらい回収するまでの期間、回収してからその結果を元に候補者を選ぶ期間、選定した候補者に再度の確認をする期間、これらを想定し、逆算で配布のタイミングを決めることになります。
　例えば、8名に対してインタビューをするために、リクルーティングを専門

Intro.
はじめに

Chap.
1
計画

Chap.
2
準備

Chap.
3
実施

Chap.
4
考察

Appx.

とする会社を通じてインターネットで1,000名にWebアンケートを配信。そこから参加者を選ぶとしましょう。

　条件によっての前後はありますが、1,000名へのWebアンケート配信と回収にかかる期間は3〜5日程度を想定するとよいでしょう。配信から回収までの間、候補者は時間がとれるときに回答をすることになるので、金曜日に配信し、週末の間に回答されたものを月曜日に確認するなどとすると、効率よく時間を使えます。

　回収された回答から候補者を選ぶ作業は、8名くらいなら1日もあればできるように感じられますが、その人を候補者としてよいのかプロジェクトのメンバー内で確認することや、インタビューを委託業務で実施している場合は依頼主への確認も必要となりますので、これも3〜5日程度を想定しておきます。

　プロジェクトのメンバーや依頼主への確認がある場合は、確認ができるようになるタイミングと、いつまでに決定したいのかというスケジュールをあらかじめ伝えておくとスムーズに進められます。

　候補者を選んだら、インタビューへの参加をお願いすることを伝え、参加してもらいたい日程、時間帯に参加できるのかを改めて確認します。この確認は候補者へ個別に連絡をする必要がありますし、そのタイミングで都合が変わってしまっていて別の候補者を選ぶこともあるので2〜4日程度を想定しておきます。

　以上を合計すると、インタビュー実施の2週間ほど前を目安にWebアンケートを配信する必要がありそうです。もちろん、イレギュラーを想定して、余裕を持ったスケジュールとするのがよいでしょう。

インタビューに参加する候補者を選定する

　Webアンケートへの回答が回収できたら、その結果を元にインタビューに参加してもらう候補者を選定します。インタビュー参加者の条件を検討する際に、条件に合う人、合わない人とする条件や、条件の優先度合いについて検討してあると、この選定作業はスムーズに進むでしょう。

　このときに気をつけたいのが、参加者としての条件に完全に合致した"理想的な候補者"を求めすぎないということです。実際には条件に合うところ、合わないところが入り混じった候補者の中から選ぶことになるので、ある程度の

割り切りや、インタビューを実施する日程に制約がある場合は参加してもらえる日程の条件がよい候補者を選ぶといった柔軟さが必要なこともあります。

候補者に連絡して、参加する日程、時間帯を確定する

　候補者に、どの日程、時間帯に参加してもらいたいかを決めたら、改めてインタビューへの参加をお願いします。スクリーナーへ回答したタイミングでは参加可能だったが、改めて確認してみたら都合が悪くなっているということもありますので、日程、時間帯が決まったタイミングでの再確認が必要です。確認の際にインタビュー当日の持ち物、会場へのアクセス、当日の連絡先や担当者などについても伝えましょう。

　貸し会議室などでインタビューを実施する場合、わかりやすい案内図があればそのコピーや掲載されているURLをもらって参加者に渡してあげてください。自社で実施する場合、公式サイトなどにあるアクセスマップをもういちど見直して、建物の入り口までだけではなく、初めて来る人がそれを見て会場となる部屋まで迷わず辿り着くことができそうかどうかを確認するとよいでしょう。

Intro.

はじめに

Chap.
1
計画

Chap.
2
準備

Chap.
3
実施

Chap.
4
考察

Appx.

インタビューの前日には、最終確認を兼ねて再度の連絡を行うと、参加者、インタビューの実施側ともに安心して当日を迎えることができます。この連絡はメールでもよいですが、「明日はよろしくお願いします」という気持ちを伝える意味でも電話で連絡をして直接言葉を交わしておくことが望ましいです。

2.1.4 オンラインインタビューの場合の リクルーティング

オンラインインタビューは、コロナ禍の下で"仕方なく"広まってきた経緯がありますが、デメリットばかりでもありません。従来、インタビュー会場から一定の距離内に暮らしている方しか対象にできませんでした。例えば、東京の会場で実施するインタビューであれば、一般参加者の募集は一都三県に在住の方を対象とするのが現実的でした（移動時間、交通費の負担などの事情による）。しかしオンラインインタビューであれば全国、全世界からも募ることができます。地域で異なるライフスタイルのユーザーにも直接話を聞くことができるチャンスと捉えることもできるでしょう。

多くのリクルーティング会社はもともとアンケート調査パネルとして全国に会員をもっているので、募集範囲を広げること自体は難しくありません。一方で、オンラインインタビューに参加してもらうには**参加者側の機材や環境にも気を配っておく**必要があります。紹介会社によっては事前に接続テストを済ませておいてくれることもあります。貴重な本番時間を機材トラブルで浪費しないために、こうした対策についても摺り合わせをしておきましょう。

スクリーナーに追加すべき項目

スムーズでトラブルのない接続のために、ネットワーク環境やイヤホンマイク、ビデオ会議経験の有無などを確認しておくとよいでしょう。また邪魔されず落ち着いて会話ができる環境（基本は自宅）があることも確認します。Wi-Fiがあるからとファーストフード店などの公共の場から参加されると、騒がしいだけでなく会話が第三者に聞かれる恐れもあります。画面共有を使った提示物がある場合は、十分な画面サイズのデバイスから参加できるかも要件になります。

表 2.1.1 オンラインインタビュー向け追加設問のサンプル

> **Q1.** オンラインインタビュー（以下インタビュー）にご参加いただくための、第三者に傍聴されることのない静かな場所（ご自宅など）を確保できますか？
>
> ○確保できる　○事前に相談したい　○自分では確保できない
>
> **Q2.** Zoom などのオンライン会議サービスをご利用になったことはありますか？
>
> ○日常的に使用している　○過去に何度か使用したことがある
> ○まったく経験がない
>
> **Q3.** インタビューに参加する場所のインターネット回線種別を教えてください。
>
> ○光回線　○ADSL　○その他の固定回線　○モバイルルーター
> ○スマートフォン回線（含テザリング）　○わからない
> ○その他（　　　　　　　　　）
>
> **Q4.** インタビュー参加に使用できる機器を教えてください（**複数選択可**）。
>
> □PC　□タブレット端末（iPadなど）　□スマートフォン
> □その他（　　　　　　　　　）

またオンラインインタビューは簡単に録画ができたり、大勢の人が見学参加できたりします。顔がアップで映ることも多いでしょう。どういう記録が残り、どういう人達が見学・閲覧することがあり得るかを募集の時点で明示し、合意を得ておくのも重要です。

> 本インタビュー調査はZoomによるオンライン形式で実施されます。インタビューには進行役の他、見学者、記録者などが傍聴参加することがあります。また映像と音声は録画され、関係者の間で閲覧される場合があります。録画データは一般に公開されることはなく、一定保存期間の後に削除されます。
> 以上の条件に同意いただける場合は下記にチェックをしてください。
>
> □上記のインタビュー実施条件に同意します

Intro.

はじめに

Chap.
1
計画

Chap.
2
準備

Chap.
3
実施

Chap.
4
考察

Appx.

これらは他のスクリーナー条件に優先するものではないですが、もし他の条件が似たり寄ったりであればより快適に会話ができそうな環境をお持ちの方を優先する、という判断はアリかなと思います。

時間割の組み方

オンラインインタビューでは施設を予約したり人が集まったりすることのコストや制約が少ないため、会場で行う場合に比べ、時間割を柔軟に設定しやすくなります。ただし、特に参加者が接続に手間取ったり、何らかのトラブルで遅れたりしたときのために余裕を持たせておきましょう。例えば自宅からの参加者は、子供の機嫌や体調が悪くなったり、来客があって遅れることもあります。

接続マニュアルを用意する

通常の会場調査では会場までの案内図をつくって参加者にお渡しするかと思います。これと同じように、接続に必要な手順（アプリのインストール方法、アドレス、パスコードなど）をわかりやすくまとめたマニュアルを用意しましょう。参加者のデバイスやOSによってつくり分けが必要になるので最初は手間かもしれませんが、大部分は使い回しが効く内容なので、一度つくってしまえば次からは楽になります。画面写真をふんだんに挿入しておくと、いざつながらなくて電話でやり取りをしなければならなくなったときに「4ページ目の写真にある画面は出ていますか？ そこの赤丸がついているところをタップしてください」など、口頭で説明しやすくなります。

接続アドレス（URL）は長くて手打ちしてもらうのは大変なので、別途メールやメッセージで送付するか、ZoomのようにミーティングIDを使ってアクセスできる場合はそちらを使うのも手です。

リハーサルで確認すべきこと

多数の関係者（見学者）が集まる本番に先立って、進行役と参加者など最少人数で接続リハーサルなどをしておくのも有用です。約束の時間にスムーズに接続してインタビューが開始できないと、時間が減って予定していた内容を聞

ききれなくなったりすることもあります。また画面共有などの機能を使ってもらう予定がある場合は、そうした操作も練習しておくとよいでしょう。

2.1.5 直前に起こり得るトラブルと対処法

実施側からキャンセルせざるを得なくなったら

　参加者へのアポイントメント、最終確認が済んでからインタビュー実施までの間で、インタビュー中に見てもらう予定の対象プロダクトや会場の準備などのトラブルが原因で実施側からインタビューをキャンセルする事態になってしまったときはどうすればよいでしょうか？

　その場合はすみやかに参加者へ連絡することを優先しましょう。日を改めて同じ人にお願いすることができればよいですが、最終的にインタビューが実施できなくなった場合や、その人には参加してもらえなくなった場合は、確保してもらっていた時間に対するお礼の意味で謝礼の半額から全額を支払うことも検討しておきます。

　タイミングが悪く、インタビューの直前にトラブルが発生し、インタビュー会場に来てもらった段階で実施ができなくなることを伝えなくてはならなくなった場合は、インタビューに参加したのと同じくらいの時間を拘束することになってしまったわけですから、全額お支払いしてお詫びします。

　実施側のトラブルは無いに越したことはありませんが、起きてしまったときに参加者との間で更にトラブルを起こしてしまわないよう、事前に対処の方法を検討し、プロジェクトチーム内でその手順を共有しておくとよいでしょう。

直前に参加者からキャンセルの連絡が入ったら

　インタビューの直前に、参加者からキャンセルの連絡が入ってきた場合はどのように対処すればよいでしょうか？

　代役を探すのが難しい条件の参加者の場合は、日を改めて参加してもらえないかどうか予定を確認します。ただし、キャンセルの理由が個人の都合によるもので、再度のキャンセルが懸念される場合は、その参加者へのインタビューを諦めることも必要です。

Intro.

はじめに

Chap.
1
計画

Chap.
2
準備

Chap.
3
実施

Chap.
4
考察

Appx.

キャンセルしてきた方と条件が近く、代役をお願いできそうな人がいる場合はその方に参加いただける日程を確認します。あらかじめ、キャンセルに備えた参加者候補（参加できる日程、時間帯が多い人が理想的です）を確認しておくと、対応もスムーズになります。

　また、インタビューを委託業務として行っている場合は、依頼主への連絡も忘れないようにしましょう。インタビューの見学予定を立てている場合は変更してもらう必要がありますし、場合によっては予定より少ない人数でのインタビューとすることや、完了までの日程を延ばすことの確認や承諾を得る必要があります。

土壇場でオンラインに切り替えざるを得なくなる想定をしておく

　また刻々と変化する状況に対応できるよう、来場想定の募集でも、「急遽外出制限などが出された場合にオンラインに切り替えて参加は可能か」といったことも確認しておくとより安心です。謝礼をどう渡すか、サインの必要な書面はどうするかなど、オンラインの場合に必要になる内容の検討も予備的に必要になりますし、場合によってはスクリーナーアンケートにも『**2.1.4 オンラインインタビューの場合のリクルーティング**』(P.072) で紹介したような設問を追加する必要が出てくるでしょう。

2.2 会場インタビューの場合のセッティング

Intro.
はじめに

Chap.
1
計画

Chap.
2
準備

Chap.
3
実施

Chap.
4
考察

Appx.

インタビューを実施する部屋や機材の準備をしっかりと行うことは、スムーズな進行を行うため、そして、参加者に気持ちよくインタビューに参加し饒舌に語ってもらうために重要です。

ここではどんな基準でそれらを選んでいけばよいのかについて触れます。世の中にはインタビュー専用の設備や機材が色々ありますが、必ずしもそれらをきっちり揃えなければ実施できないというものではありません。変に身構えてしっかりした環境を揃えることに腐心するよりは、まずは手近に揃う最低限のもので実施してみることが大切です。ここではそうしたスタンスで、筆者らが長年の経験から得た方法を紹介します。

2.2.1 インタビューを行う場所を決める

インタビューを実施するとなったらその実施場所を決めなければなりません。おそらくほとんどの場合、専用のインタビュールーム（『**コラム：インタビュー専用ルームを借りる意義**』(P. 080) 参照）などが利用可能ということはなく、社内の会議室を流用するか、貸し会議室的なものを借りて使用することになるでしょう。基本的にそれで問題ありませんが、いくつか気をつけるべき条件があります。

静かで落ち着いて話せる

当たり前の話ですがとても大事です。ざわざわ騒がしいところでは会話に集中できません。最低限、隣室や廊下の声が漏れ聞こえてこないかどうか、インタビューの当日に周辺で工事や点検などの予定が入っていないかどうかなどは確認しておきましょう。

部屋のつくり

　先ほど"静かで落ち着いて"と書きましたが、ローテーブルとソファの応接室のようなところはあまりインタビュー向きとは言えません。インタビューというとテレビ番組で有名人に対しそうした部屋で話を聞く場面が思い浮かぶかもしれませんが、我々が行うインタビューは少し毛色が違います。『**3.1 気持ちよく話せる"場"をつくる**』（P. 109）で詳しく触れますが、よりフランクに会話を弾ませてもらうためには適度な距離感が重要です。息がかかるほど近くてもいけませんが、ふかふかと腰掛けて顔が遠ざかりすぎてしまうような状態も好ましくありません。通常の会議用のテーブルと椅子を使うくらいで、1対1であれば1つの長テーブルに並んで座るか、コーナーをはさんだ対角位置くらいに座れるような形がよいでしょう。資料やPC、タブレットなどでプロトタイプを見てもらったり、普段の作業内容を見せてもらいながら行うようなことも考えると、面接のような対面の差し向かいよりは横並びの方がやりやすいです。また同席の見学者は参加者の視線に入りにくい背面方向に座ってもらいます。

　その意図については、**Chapter 3**の『**"聞き役は一人"を徹底しよう**』（P. 151）に詳しいので、参照してください。

見学者が多くて圧迫的になってしまいそうなときは、別途見学ルームを設け
ビデオカメラの映像をモニタやプロジェクターに映したものを見てもらう仕掛
けにすることもあります。むしろ見学者同士で議論をしながら見られるので、
予算が許すのならそちらの方がおすすめです。その場合、ならびの部屋が確保
できると配線など何かと好都合ですが、一方で見学者側の話し声やスピーカー
の音が漏れてしまうリスクに注意しましょう。多少中継の信頼性は落ちますが、
インターネット経由の映像中継でよいのであれば、必ずしも同じ建物である必
要もありません。

　前のセッションが長引いている間に次の人が来てしまった、という場合のた
めに次の人に待機してもらえる控え室があるとなおよしです。事務手続きなど
は並行して他の担当者がそちらで受けもつことができれば、よりスムーズに
セッションを回していくことができます。

アクセスのよさ

　外部の参加者に来てもらうべく募集をかける場合、やはり駅近などアクセス
がよい場所の方が集まりがよいですし、案内も楽です。自社がそうした条件か
ら外れてしまう場合、貸し会議室などの利用も検討してみましょう。

　インタビューの日程が決まったら候補となる部屋が利用可能かどうかを早め
に確認して予定を押さえておきましょう。日時と場所が決まらなければ参加者
を募集することもできません。早め早めの手配が肝心です。トイレの場所や空
調の操作方法、念のために非常口の場所なども事前に確認しておきましょう。

Intro.

はじめに

Chap.
1
計画

Chap.
2
準備

Chap.
3
実施

Chap.
4
考察

Appx.

インタビュー専用ルームを借りる意義

　世の中にはインタビューなどに用いる専用の部屋をレンタルしているところもあります。こうしたところは何が違うのでしょう？

　ひとつは高品質な録音、撮影機材が用意されていて利用できる点。例えば、複数のカメラ映像を並べて録画できる画面分割機は、後で見返すときに一度に様々なアングルを見渡せて便利です。もうひとつは見学に使う隣室からマジックミラーでインタビューの様子を直接観察できる点です。もちろん壁の遮音性や交通アクセスなど先に挙げた点もクリアしていることがほとんどなので、利用を検討してみるのもよいでしょう。ただし少ない予算を無理に工面してまでこだわる必要はないと思います。それくらいなら参加者への謝礼にまわして数を増やす方に使った方が得られるものは多くなるでしょう。

　また専用ルームに限りませんが、外部の設備を使うメリットとしてインタビューを実施している組織を伏せやすいという点があります。例えば自社製品と競合製品の両方に対する意見を聞きたい場合、自社内に参加者を招いて語ってもらうと、なかなか公正な意見が聞きづらいものです。

2.2.2 会場における感染対策

　新型コロナの感染対策として何が有効かは現在でも議論や検証が続いていますが、執筆時点（2021年8月）で有効と思われる対策を紹介します。公的機関が発信している最新情報も参照しつつ、参考にしてください。こうした感染対策は、実効力として感染リスクを下げるのと同時に、参加者にとっての安心にもつながるので、きちんと対策していることを事前に伝えるのも大切です。

　なお、感染対策の多くは音声収録上の弊害になりやすいので、それらへの対策は『**2.2.3 録音・撮影機材を準備する**』（P.084）で解説します。

手指消毒・うがい

　手指に付着したウイルスの除去には、石鹸による流水すすぎが有効です。アルコール消毒は水場がない時の代用策です。アルコールを過度に使うと手荒れ

したり、高齢者の場合は元々少ない指先の水分を更にとばしてしまい、タッチパネル操作に悪影響が出たりします。必要以上にアルコール消毒を強制しないようにしたいものです。

参加者と同席するスタッフもセッションごとに消毒、うがいが必要ですが、回数も嵩むので、アルコール消毒で済ませずに石鹸手洗いができる場所を確保しましょう。

アルコールは医療用の濃度70%以上のものを使わないと効果が薄いとされています。薬局以外で大量に売られているものはそれに満たない濃度のものが多いのでご注意ください。

マスク

対面で長時間会話をするので飛沫感染を防止するには必須だと思われます。様々な主張や体質を理由にマスクをされない方もいるので、インタビュー中の着用に同意していただけるか事前に確認しておきます。忘れてきたり、不適切なマスクをしてきたりした人に対応できるよう個包装された不織布マスクを用意しておきましょう。

また着用により声が聞きづらくなる、表情が認識しづらくなるといった問題への対処として透明なフェイスシールドや口元のみのマウスシールドを使うのはどうでしょう？　これらについてはダイレクトな飛沫はブロックできるものの、浮遊ウイルスによる空気感染を防ぐ効果は薄いという評価です。どうしても表情をしっかり見たいという場合は、アクリルパーティションや換気など他の予防策との併用が必須です。いずれにせよ会話をすることに不安や躊躇があっては本末転倒ですから、強制すべきではありません。

会場設営

飛沫感染を避けるため、進行役と参加者の間に距離を開ける、アクリルパーティションを設置する、互いに真正面を向かないレイアウトにする、といった配慮を払いましょう。

空気感染を避けるため、定期的に換気するルールを決め、忘れずに実行します。窓が開けられないオフィスビルなどでは換気システムがどのように稼働し

Intro.

はじめに

Chap.
1
計画

Chap.
2
準備

Chap.
3
実施

Chap.
4
考察

Appx.

ているかを確認し、参加者にも伝えてあげると安心材料になります。より人が集まる見学ルームも対策し、可能であればリモート見学も検討します。

モノの消毒滅菌

　新型コロナウイルスについては、飛沫／空気感染に比べ、モノに付着したウイルスからの接触感染リスクは低いことがわかってきているようです。インタビュー調査ではラポール形成やセッション運用の負担とバランスを取りながらどういった対策をとるか取捨します。例えばゴム手袋までは必要ないでしょうが、休憩時間にさっと除菌清拭できる範囲のものはしておくとよいでしょう。特に会話による飛沫を直接かぶっているアクリルパーティションや卓上のもの、手が触れるドアノブ、筆記具、捺印用具などは対象としておきます。次亜塩素酸水、次亜塩素酸ナトリウムなども有効とされていますがやや扱いが難しく、短時間で清拭するならやはり70%濃度のアルコールを含んだスプレーやウェットシートが使いやすいです。

　仮説検証でスマホなどのプロダクトを触ってもらう場面がある場合は、それらも対象にできるとよいですが、多くの液晶画面には表面にコーティングがしてあり、アルコールで剥がれてしまうことがあるので注意が必要です。アルコールより殺菌力は落ちますが、"液晶画面用"とされる精製水のみのシートも、ウイルスや（ウイルスが付着しやすい）指紋を画面上から拭い取れる効果はあります。

　なおAppleは2020年3月に製品のお手入れ方法のページ（https://support.apple.com/ja-jp/HT207123）を更新し、「70%イソプロピルアルコール含有ワイプ、70%エチルアルコール含有ワイプ、クロロックス除菌ワイプ(Clorox Disinfecting Wipes)を使い、iPhoneの外表面を優しく拭き取る分にはかまいません」としています。iPhoneならばアルコールを含有したウェットシートで拭いてもOKということですね。ただし端子部に入り込むのでスプレーしたり、浸けたりはダメです。また漂白剤（次亜塩素酸ナトリウム）なども使わないようにとのことです。他社もサポートページで情報公開していることがありますので調べてみてください。

体調確認（検温など）

　その時点で自覚症状がないことや体温が高くないことはウイルスの感染や付着を否定できるものではありませんが、そうしたチェックをしています、ということは参加者も含め関係者に一定の安心を提供できるので、やっておいてもよいと思います。具体的には、問診をしたり、非接触体温計で計測するといったことです。非接触体温計は「体温計」として医療機器認証を受けたものと、そうではない「温度計」として売られているものがあるので注意しましょう。

　むしろ参加者や関係スタッフには、万一発熱があったり不調を感じたりしたときは、無理せず隠さずに連絡するよう周知することが大切でしょう。ギリギリまで様子を見るよりは早めにキャンセルの可能性を伝えてもらった方が対策も立てやすくなります。

万一感染者が出た場合の備え

　うてる対策をうっても感染リスクはゼロにはできません。万一参加者や関係スタッフの中に感染者が出た場合の連絡体制も用意しておく必要があるでしょう。参加者にも、もし二週間程度の間に感染が発覚したら一報いれてもらえるよう連絡先を伝えておきます。

　また厚生労働省が配布している新型コロナウイルス接触確認アプリCOCOAや、一部の都道府県がLINEなどを使って提供しているQRコードを使った通知サービス（LINEコロナお知らせシステム）などへの登録を促すのも実施者、参加者双方にとって有効かもしれません。

Intro.

はじめに

Chap.
1
計画

Chap.
2
準備

Chap.
3
実施

Chap.
4
考察

Appx.

2.2.3 録音・撮影機材を準備する

録音機材

　まずは "手近に揃う最低限のもので" と書きましたが、例外もあります。それは**マイク**です。ビデオ撮影をするかどうかはインタビューの内容にもよりますが、原則として音声は録音しておくのがよいです。記録が上手な人はメモやタイピングでまかなえてしまうことも多々ありますが、後で結果を分析したり、レポートを書いたりしているときに「あれってもしかしてこういう意味だったのかな？」と思う瞬間はあります。そうしたときにもう一度正確になんと言っていたかを聞き返せるのは非常に有効です。

　さてその録音ですが、今時はスマートフォンの録音アプリやPCの内蔵マイクでも一応はできてしまいますが、それで済ませようとするのはおすすめできません。やはりこれらの搭載マイクはそもそも目的が違うし品質もそれほどよくはないのです。参加者がマイクの真正面で画面に向かってはっきりしゃべってくれて、なおかつ部屋がとても静かであればまだしも、現実はそうはいきません。

　複数の話者が違う方向から話しますし、空調をはじめ周りに騒音源はいくらでもあります。もともとあまり話し声が大きくない人もいます。性格的なこともあるので、そうした方に「もっと大きな声で話してください」といっても大きな負担になってしまいますし、後で録音状態が悪いものを何度も聞き直してなんと言っているのか聞き取るのは非常に労力がかかります。十分な性能のマイクがあれば、自分も相手も見学者も通訳者も書き起こしをする人もみんなハッピーになれるのです。

マイクだけでも性能や目的、価格で様々な選択肢がありすべてを説明することはできませんが、コストパフォーマンスも含め入門用としてまずお勧めしたいのがPC用のWebカメラに搭載されたマイクです。Webカメラのマイクは基本的に音声会話用に最適化されているものなので音質はそこそこながら、ソフトウェア処理で音量を上げたり雑音を除去してくれるので、人の声だけが聞き取りやすく加工されます。写真のような2,000円台の製品でも、下手な数千円以上の指向性付きアナログマイクより聞き取りやすいくらいです。「それならノートPCに内蔵のマイクでもよいのでは？」と思われるかもしれませんが、やはり専用品は別モノなのと、ケーブルで位置や向きを自由に変えられるのもメリットです。高い位置にセッティングすることで、机上の雑音を拾いにくい点も優位です。ただWebカメラの中にはマイクを搭載していないものもあるのでご注意ください。録音ソフトもついてこないものが多いので、OS標準のものやフリーソフトを利用するとよいでしょう。後で聞き返したり、録音ファイルを管理したりするのも、直接PC上にファイルで残っていた方が便利です。また別室への中継が必要な場合や、グループインタビューで全方向の音を拾えなければならないときは別の選択肢が必要になることもあります。

マイクにノイズ低減機能がついたWebカメラ

Intro.

はじめに

Chap.
1
計画

Chap.
2
準備

Chap.
3
実施

Chap.
4
考察

Appx.

いずれにせよ、いざ録音してみたら窓の外の騒音やエアコンの動作音などばかりで話している内容が聞き取りづらかった、ということは往々にしてあるので、必ず事前にテストをしましょう。

感染対策は音声収録の大敵！より入念な準備を

『2.2.2 会場における感染対策』（P.080）で述べたような対策が必要になった結果、録音に関する配慮はさらに重要性が増してきました。感染対策の多くは音声収録にとって悪影響を及ぼすからです。マスクをすれば当然声はこもって聞きづらくなりますし、アクリルパーティションを介することでも声が遮断されます。話者同士が距離を置くことで単一のマイクで両者の声を拾うのは難しくなります。換気のために窓やドアを開けたり、空調機器を稼働させたりすることで様々なノイズが混じり、肝心の声が聴きづらくなります。こうした各種感染対策の結果として劣化する音声を、機材やレイアウトの工夫で補う必要があります。

通常インタビュールームではバウンダリーマイクという卓上に置く背の低いマイクを話者の間に設置することが一般的です。大仰なガンマイクを差し向けたり、逐一襟元にピンマイクを装着してもらったりするのに比べ「録られている」感を抑えられるし、セッティングも容易だからです。それなりに静かな部屋での二人程度の対話であればそれで十分収録が可能でした。しかし感染対策として、進行役と参加者がマスクをし、距離を置き、アクリルパーティションで仕切られ、窓を開けたり換気装置を強めに稼働させたりしていると、それではよく聞き取れないという見学者からのフィードバックをもらうことが増えてきました。そこで筆者は、多少の「録られている」感を与えてしまうことは妥協し、ピンマイクを用いることにしています。マイクは、より感度の高いものを用いると騒音もより拾ってしまいます。いかに音源に近づけ、騒音源からは遠ざけるかがポイントになります。その点で、人の声を録るのであれば口元（襟元、胸元）にマイクをつけるのが理想的です。

最近筆者が推しているのはRODE社のWireless GO Ⅱという製品です。文字通り小型の送受信機のペアで無線伝送ができる製品で、マイクがついた送信機側はクリップがついており胸ポケットや前立て（合わせ）部分にサッと固定す

ることができます。2021年4月に発売になった「Ⅱ」では、1つの受信機に対して2つの送信機（＝マイク）が紐付いており、インタビューで二人の話者それぞれの発話を胸元など至近距離で収録することができます。まさに1on1インタビューのためにあるような製品だと言えます。

受信機（真ん中）をICレコーダー（奥）、ビデオカメラ、スマートフォン、PCに接続。送信機（左右手前）は発話者の胸ポケットなどにつけるだけ

前モデルはアナログマイク出力のみでしたが、「Ⅱ」はUSB接続も可能になり、最近増えてきたマイク端子のないPCやスマートフォンにも直接接続できます。

USBケーブルでPCに直差しして外部マイクになるため、Zoomなどの音声ソースとしても使用可能

Intro.

はじめに

Chap.
1
計画

Chap.
2
準備

Chap.
3
実施

Chap.
4
考察

Appx.

送信機ごとに音量（ゲイン）調整も可能なので、話者間で声量に差があるときも簡易的に調整可能ですし、送信機内のメモリに常時バックアップ録音もできるので、電波状況が悪くてカメラ／レコーダーへの音声が途切れたときや、そもそも録音／録画をスタートし忘れた！なんて場合でも、音声だけは回収できます。

　こうした小型のウェアラブルなマイクの注意点としては、セッション終了時に参加者から取り外すのを忘れないことです。「あれ、マイクどこ？」「あっ、前の人が付けたまま帰っちゃった!!」となったら大ごとです。回収と充電を終了時のルーティンに組み込んでおきましょう。

　既存の固定マイクを使う場合は、その**感度や集音範囲**を確認し、窓や換気装置といった騒音源をその範囲に収めないよう部屋のレイアウトを工夫します。例えばマイクの正面120°を集音範囲とする指向性マイクであれば、騒音源を背にするようにマイクを向け、話者は正面120°に収まるよう距離を調節します。

マイクの集音範囲を意識したセッティング

映像機材

　映像機材については今時の市販のビデオカメラなら不足はないでしょう。三脚はカメラ用とビデオカメラ用で若干使い勝手が違うので、後者を選ぶようにしてください。何を撮るかは目的次第ですが、知りたい情報を後から見直すことができるように画角やズームを検討するとよいでしょう。例えば、話している様子を記録したい場合には、話し手と聞き手がぎりぎり映るようにカメラを調整します。そうすることで、話し手の態度や表情の変化を記録することができます。ただし、プライバシーに関わることですので顔が映る映像を撮影するときは必ず事前に許可を取るようにしてください。また話の内容だけでなく、手の動きや操作の様子を記録したい場合には、話し手目線に近いところから手元の映像を撮影します。話し手が触っている様子、気にしている対象など詳細な部分を撮影することができます。プロダクトやプロトタイプを使っている様子を記録する場合は、画面や手元を録画します。この場合も外付けでしっかりしたマイクを利用することが理想です。

　またWebやPCソフトを使用している画面だけ記録できればよいという場合は、画面録画ソフトを使うと、別にハードウェアを用意することなく画面を精細に記録することができます。画面を丸ごと収録するだけならOSの機能で可能ですし、OBS Studioのようなフリーソフトウェアを活用すれば、カメラの映像をPinP（ピクチャインピクチャ）で合成したり、そのまま外部に配信したりすることも可能です。ただし画面録画ソフトだと会話の中で「ここが……」と指さした場所がわからないという難点があるので、補助としてビデオカメラで少し引いたアングルで全体を映しておくのもよいでしょう。

Intro.

はじめに

Chap.
1
計画

Chap.
2
準備

Chap.
3
実施

Chap.
4
考察

Appx.

話の様子

対話の様子

対象物や手元の様子

行動の様子

　機材は可能であればバックアップを用意しましょう。機材故障やバッテリー切れ、ケーブル断線などトラブルはつきものです。多少古い機器でも構わないので、予備として用意しておくのが肝心です。それでも現場で不測の事態が起きたときは、手持ちのスマートフォンなどが使えないか検討してみましょう。近くの家電量販店に走った方が手っ取り早いこともあります。

映像を配信する

　感染防止策の一環として、密になりやすい見学ルームを設けずオンラインで配信するケースも増えています。オンライン中継することで、より多くの関係者が見学可能になるため、コロナ禍が終息してもこうした動きは広がっていくのではないでしょうか。

　普段インタビュー会場でビデオカメラを使って撮っているような映像をリアルタイムでオンライン会議システムに流したいときはHDMIキャプチャアダプタなどと呼ばれる機器を用います。HDMI映像信号を、ZoomやTeamsにWebカメラと同じ入力ソースとして認識させることが可能です。注意したいのは、外観は「HDMI端子とUSB端子がついている」という点で、ノートPCの画面

をプロジェクターや外部モニタに映すときのアダプタに酷似していますが、信号の流れがまったく逆なので購入時には間違えないようご注意ください。「キャプチャ」などという言葉が使われていれば、本稿で扱う映像取り込み用デバイスだと考えられます。ZoomやTeams、OBS Studioなどに対応が謳われていればより安心でしょう。

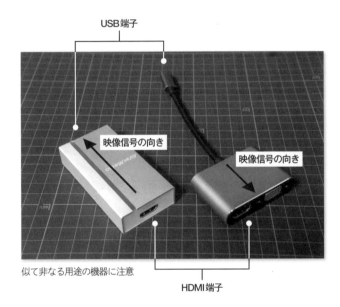

USB端子

映像信号の向き

映像信号の向き

似て非なる用途の機器に注意

HDMI端子

　またインタビューのパートに応じて複数のカメラを切り替えたり、合成して流したい場合、複数のカメラとキャプチャアダプタがあれば、フリーソフトのOBS Studioでも可能ですが、Blackmagic社のATEM Miniのような製品を使うとより手軽かつ安定した配信が可能になります。本製品は4つのHDMI入力端子からの映像をボタンで簡単に切り替えたりピクチャインピクチャ合成が可能です。送信先もHDMI出力端子から出すか、USB端子からPCに取り込むか選ぶことができます（つまり上記のキャプチャアダプタ4個分の機能を内包しています）。単なるHDMI切換器と上記HDMIキャプチャアダプタの組み合わせだと、信号を切り替えるときに信号が途切れてオンライン会議システムが映像信

Intro.

はじめに

Chap.
1
計画

Chap.
2
準備

Chap.
3
実施

Chap.
4
考察

Appx.

号を消失したと見なしてエラーを出してしまったりしますが、本機であればその心配もありません。またマイクについてもビデオカメラの音声以外に2系統入力することができ音声品質も上げることができます。

カメラなど、映像入力　　送信映像出力

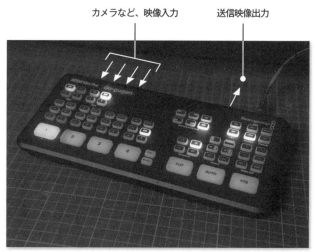

全体、表情、手元など最大4映像を瞬時に切り替えられる
ATEM Mini

2.3 | オンラインインタビューの場合のセッティング

2.3.1 オンラインインタビューの特徴と制約

　オンラインインタビューは進行役、参加者、見学者がオンライン会議システムを利用してリモート参加で行います。感染リスクが抑えやすく、人の往来に制限がかかっていても実施しやすいのが長所です。一方、対面では起こりえなかったようなデメリットや制約も多くあります。スムーズな対話のために機材セッティングの負担が大きい点です。『**2.2 会場インタビューの場合のセッティング**』（P.077）でも対策を紹介しましたが、音声機材やネットワーク環境が整っていないとインタビューに集中することができません。トラブルがあると貴重なインタビュー時間をロスしてしまうこともあります。参加者が限られており事前に入念な調整ができる場合なら必要な機材を事前送付して使ってもらうことも考えられますが、多数の一般参加者に次々に話を聞くようなインタビューでは個別対応は難しく、参加者の手持ちの環境と機材頼みになります。

提示物の制限

　多くのオンライン会議システムでは互いの画面を相手に見せられる画面共有機能が備わっています。なにかしらの資料やプロトタイプを参加者に見せたい場合にはこうした機能を活用できます。逆に参加者にWebサイトを使っている様子を実演して見せてもらいたいような場合は、参加者側の画面を共有してもらいます。Zoomのようにリモートコントロール権限を付与できるサービスなら、進行役側のブラウザで開発サイトを開き、それを参加者が操作するといったことも可能です。

　ただし、ハードウェア製品やその操作の様子を参加者に見せる場合には、別途カメラを使うなどの工夫が必要となります。また開発中の製品を提示した場

Intro.
はじめに

Chap.
1
計画

Chap.
2
準備

Chap.
3
実施

Chap.
4
考察

Appx.

合にスクリーンショットなどを撮られるリスクなどについても意識しておく必
要があります。

見学者の隠蔽が困難

　通常のインタビューでは、参加者にいらぬプレッシャーをかけないよう見学
者の存在は別室に隔離しますが、一般のオンライン会議システムを活用する場
合は見学者も同じ会議参加メンバーとして見えてしまいます。あくまで"会議"
用システムの流用である制限と言えます。

　最近では、市場調査会社が独自のオンラインインタビュー専用のシステムを
構築して提供するようにもなってきました。それらでしたら、進行役、参加者、
見学者が個別のURLからアクセスし、参加者から見学者が見えない、見学者と
進行役はチャットでやりとりができるなど専門システムならではの配慮がなさ
れています。調査やリクルーティングとパッケージングされているか、システ
ムのみの提供を行っているかはまちまちですが、事情がフィットするならば利
用するのもよいでしょう。

録画機能の活用

　多くのオンライン会議システムは録画機能を備えているので、映像と音声の
記録を残すのが非常に簡単です。サービスやプラン、設定によって録画ファイ
ルがクラウド上に残る場合と、手元のPCに保存される場合があります。契約プ
ランやPCの性能や容量を確認し、途中で記録が途切れたりしないよう留意し
ましょう。

セミオンライン実施

　ハードウェア製品を提示したり、触れてもらいたい調査や、相手先の作業現
場の様子を絡めてインタビューをしたいようなときは、進行役と参加者は会場
に集まり、見学者だけリモート参加にするという形態も検討する価値がありま
す。一般にインタビュールームよりも見学ルームの方が人口密度が上がりやす
く、マジックミラー付きだとドアを閉めきる必要もあるので換気状態も悪くな

りがちです。この見学ルームを無くせるだけでも一定の意義はあります。この形態であれば、仮説検証型の調査でプロトタイプを提示することも従来通りできます。スクリーンショットを撮られたりするリスクを避けられ、ハードウェア製品を実際に触ってもらうことも可能です。また多少の機材トラブルがあっても進行役と参加者の対話は齟齬なく行える点も強みです。また本書で紹介してきたような対話ノウハウもほぼそのまま踏襲できます。インタビュールームでの感染対策はしっかりと行う必要がありますが、今後こうしたハイブリッドな実施形態も併用されていくのかもしれません。

2.3.2 オンラインインタビューのための配信技術

どのサービスを利用する？

オンラインインタビューでも、一般的なオンライン会議と同様に、Zoom やMicrosoft Teams、Google Meet、Cisco Webex といったサービスを利用することがほとんどです。機能や品質、価格など各社めまぐるしく更新されていて、皆さんがこれを読まれる頃には事情が変わっている可能性がありますのでご了承ください。

少なくとも音声、ビデオ通話はもちろん、画面共有や未登録ユーザーのゲスト招待URLの発行などインタビューに必要な基本的な機能はどれも備えています。利便性として、スマホ、タブレットなどからも参加できることや、自宅からビデオ参加していただく際には部屋の様子を見せずに済むバーチャル背景機能、各種音声ノイズ低減機能なども品質の差はあれどほぼ横並びです。参加者が直接アクセスできない開発中サイトやアプリを操作してみてもらいたいときなどはZoom のリモートコントロール機能（画面共有相手が遠隔操作できる）が便利でしょう。

またスムーズなセッションのためには相手がそのサービスに慣れていることが重要です。筆者の肌感覚ですが、認知率や実際に使ったことありますという方の数でいうとZoom が一歩優位だと感じます。Webex は企業ユーザー中心で一般には馴染みがないかもしれません。機能要件で制限がなければ、対象者がもっとも扱い慣れていそうなシステムを選びましょう。企業によっては特定のサービス以外は利用が制限されている場合もあるので事前に確認も。ただし

Intro.

はじめに

Chap.
1
計画

Chap.
2
準備

Chap.
3
実施

Chap.
4
考察

Appx.

Zoomは無料プランでは40分までしかグループミーティングが行えないので見学者含め3人以上で実施する場合は注意が必要です（開催者が有料プラン利用者であれば、ゲスト参加する人は無料プランや未登録ユーザーでも大丈夫です）。

顔以外の映像を映すには

　通常オンライン会議システムでは、PCの内蔵カメラを使って映像を撮ることが多いと思います。互いの顔が見られればよい1対1のインタビューならそれでもよいですが、「普段の作業場全体を見せてほしい」などしばしば顔以外のものを映したい／映してもらいたいことがあります。そういうときにはUSB外付けのWebカメラを用意したり、スマートフォンから接続してリアカメラで撮ってもらったりといった工夫が必要になります。先方の手持ち機材頼みだと制限が大きいですが、セッション数が少ない場合は必要機材を事前に送付することも検討の余地があるでしょう。

見学者の存在を意識させない配慮

　前述の通り、"会議"のためのシステムでは、一部の会議参加者（＝見学者）の存在を非表示にするような機能は備わっていません。見学者自身がカメラやマイクをミュートにするなど配慮が必要となります。カメラがオフのときに名前やアイコンが出てしまうサービスも多く、より存在感を抑えるにはただの真っ黒な画像をプロフィール画像としておくとよいでしょう。また実名などが設定されがちな表示名設定も必要に応じて変更をしておきます。少人数ならば「記録係」とか「録画用」などとしておけばプレッシャーを抑えられるかもしれません。逆に進行役の表示名を「進行役」とか「司会」としておき、参加者が「この人と話せばいいんだ」というのがわかるよう明示します。

　また見学者同士で議論をしたり、進行役に追加質問を依頼したくなったりしたときにテキストチャットに書いてしまうと参加者にも見えてしまう点も留意が必要です。そうした会話をしたい場合は、当該会議とは切り離されたチャット（社内Slackなど）を併用してください。

　これらの注意事項、操作手順はまとめて事前に関係者に周知しておきましょう。

また有料プラン契約が必要になることが多いですが、ウェビナー形式を用いて、進行役と参加者を"登壇者"扱いとし、見学者を"視聴者"にすればうっかりミスで見学者の顔が映ってしまうことは避けられます。それでも登壇者である参加者から見学者数などは見えてしまうことがあります。

オンラインインタビューでは相手の目を見てはいけない？

　本書をしっかり読み込んでくださった方なら、インタビュー時は相手の目を見て話すことの重要性はご存知でしょう。しかしオンラインインタビューでは画面上に表示された相手の目を見て話すと、むしろ逆効果になりかねないので注意が必要です。そう、相手の顔は画面ではなくカメラレンズの向こうにあるのです。カメラの位置によっては、相手からするとあなたが妙に上や下を見て話しているように見えてしまうかもしれません。相手が映っているのと違う場所（レンズ）を見て話すのはなかなかに難しいですが、表示ウインドウの位置をなるべくカメラ近くに配置してみるだけでも違和感を減らせるはずです。

相手の顔ウインドウをできるだけカメラに近づける

ノイズやハウリングの防止

　オンラインインタビューだと進行役も自宅からの参加で、通常のインタビュールームほどマイク機材も充実していないことが多いでしょう。そんな場

Intro.

はじめに

Chap.
1
計画

Chap.
2
準備

Chap.
3
実施

Chap.
4
考察

Appx.

合に少しでも音声品質を上げるための工夫を挙げてみます。

　まずはマイクの向きや場所を騒音源から遠ざけることが基本になります。エアコンや窓などが背後でなくモニタの向こうに来るようなレイアウトが望ましいです。また記録時にキーボードやペンの音が入る場合は、マイクを同じ卓上から離すことが効果的です。可能ならばマイクはスタンドの上に置いたり、身につけるタイプのものにします。下にハンカチやタオルなどを敷くだけでも多少マシになります。ノートも卓上に置かず、クリップボードで手に持って書き込むとよいでしょう。

　最近ではテレワークブームを受け、こうしたノイズを除去するソフトウェア製品（KrispやNVIDIA Broadcast）もあり、かなり有効なので是非検討してみてください。

　配信者がよく使うラージフラム型のコンデンサマイクは要注意です。感度が非常に鋭敏な分、かえって小さなノイズもクリアに拾ってしまいがちです。防音や反響防止など部屋自体の徹底した音響マネジメントとセットでないとかえって逆効果になりかねません。

　またスピーカーから相手の声を出すと、それをマイクが拾って相手にエコーバックしてしまったり、それが互いに起きるとキーンというハウリングの原因になったりします。ハウリングは論外としても、エコーバックのある状態も非常に話しづらく、また原因となっている側は気づき難いものです。知らぬ間に参加者に負担をかけないよう、進行役はイヤホンやヘッドホンを使うことが望ましいです。ただイヤホンの長時間使用は外耳炎など身体的な負担も大きいので、エコーやハウリングを防止する機構を組み込んだ会議用スピーカーマイクを検討してみるのも手です（ものによっては音が途切れがちになる場合も）。

　ハウリングは同じ部屋から複数の端末で参加したときにも発生します。複数メンバーが同じ会議室から参加するときや、『顔以外の映像を映すには』（P.096）で書いたように参加者にPCとスマートフォンの両方から同時に接続してもらうときなど、1台を残して他をすべてミュートしてもらうよう注意します。

　映像と違って音声は自分側の状況をモニタしづらいものです。身内の人に相手になってもらったり、会議を録画して見返してみたりして、自分の声が相手にとって聞きやすい状態になっているか、しっかりとチェックして本番に臨みましょう。

2.4 | 他に準備すべきもの

Intro.

は
じ
め
に

Chap.
1

計
画

Chap.
2

準
備

Chap.
3

実
施

Chap.
4

考
察

Appx.

インタビューに必要な文房具、機材などの準備するものとしては次のような
ものがあります。

記録用紙

相手の発言を書き留めるものです。慣れないうちはまったくの白紙のノート
よりも、あらかじめ聞きたい質問一覧を記入用の空白付きで配置しておく**"イ
ンタビューガイド"**や**"進行シート"**と呼ぶものを作っておくことをオススメ
します。作り方や注意点は**『1.2.2 インタビューガイドをつくる』**(P. 041) を参
照してください。また、巻末の**『A.4 インタビュー テンプレート』**の中にある
"インタビュー計画シート"(P. 241 〜 243) を利用してもよいでしょう。机上に
置いて使うか、クリップボードに止めて相手から記入内容が見えにくいスタイ
ルで書き込みます。クリップボードを使うと相手から視線を外す頻度を抑えら
れるメリットもあります。詳しくは**『コラム：メモは紙に手書きでとるべきな
のか……』**(P. 142) を参照してください。

事務関係

インタビューとは直接関係しない部分ですが、謝礼金や領収証、相手の個人
情報の取り扱いに関する覚え書き、また社外秘のプロトタイプを見てもらう場
合はそれに関する秘密保持契約（NDA = Non Disclosure Agreement）書類も必
要になることがあります。それぞれ経理や法務の担当者に相談しておきましょ
う。いずれにせよあまり細かなものをその場で読んでもらうことは難しいです
し、これから気さくに話をしてもらおうというときにあまりプレッシャーをか
けるべきではありません。とは言え法的な書類ですから簡略化できない場合も
あります。担当者によく相談したうえで、できる限りわかりやすく、読みやす

い書類を準備しましょう。そのうえで、「今日お話いただく内容やあなたの個人情報については本件のリサーチのみに利用し、外部に公開などはいたしません」「今日ご覧いただくものはまだ開発中の未発表のものになりますので、誰かに話したりネットに書き込んだりはしないようお願いいたします」といった簡潔な説明を口頭でも伝えるようにします。

捺印が必要になる場合は、印鑑の持参をお願いしておくのと、忘れた場合どうするか手続きを決めておくこともお忘れ無く。後者は例えば切手を貼り、返送先を記入した封筒を書類と一緒に渡し、帰宅後に捺印して返送してもらうなどが一般的です。オンラインインタビューの場合も同様に郵送で対応する準備が必要になります。

謝礼

謝礼は現金や商品券を渡す場合が多いと思いますが、1人分ずつ封筒に入れてさっと手渡せるようにしておきます。トラブルを防ぐため、受け取ったその場で額を確認してもらうことも大切です。領収書にサインや捺印を求めるかどうかは会社ごとのポリシーもあるでしょうから、会計担当部署と相談しておきます。手間や感染リスク低減を考えるとなくせるならそれに越したことはないですね。

手渡しができないオンラインの場合、後日銀行振り込みや現金書留による送金か、各種オンラインサービスのギフト券、ポイントなどで支払います。例えばAmazonのギフト券なら金額を1円単位で決められ、手数料もかからず、有効期限は10年と長いので使いやすいです。どれを使うかは、会社の会計処理のしやすさ、相手のリテラシー、対象サービス利用有無などを考慮して選択します。

筆記具

長時間大量のメモをとっても疲れないものを選びましょう。筆者は考えごとをするとつい無駄にノックをカチカチしてしまうので、ノック式でないボールペンでインクの書き味がよいものを選ぶようにしています。予備はもちろん、相手に何か書いてもらう場面があるのであればその分、別に用意します。

カメラ、ICレコーダー

『2.2.3 録音・撮影機材を準備する』(P.084) で会場インタビュー時の機材について触れましたが、そこまで本格的でない調査や、相手先への訪問インタビューでも持ち込める範囲で何かしらの記録機材は用意します。普段の利用場面や資料を見せてもらったときに記録として撮影するのにカメラがあるとよいでしょう。対象物や目的によって動画か静止画かを使い分けます。スマートフォンでも代用可能ですが、撮影した画像を簡単にクラウドにアップロードできること、個人端末を使うことを嫌う依頼主もいるので事前確認を忘れずに。

またICレコーダーはインタビュー内容の全容を記録しておくのに非常に有効です。手書きで書き留めるのが追いつかずにインタビュー時間を無駄にしてしまうよりは、録音して後で聞き返せるようにしておく方が合理的です。ビデオカメラで撮影する場合でもICレコーダーを併用することはバックアップとして有用です。最近ではAI技術による音声からの自動文字起こしサービスも各社から登場しています。精度はまだまだ完璧とはいきませんが、人力の専門サービスに依頼するのに比べ安価に、そして非常に短時間で書き起こしが得られるので活用してみてはいかがでしょうか。

もちろん撮影や録音は相手の許可をとってから行うようにしましょう。当日ではなくアポイント時点で合意を得ておく方がスムーズです。またバッテリーやメモリカードの残量が途中で不足しないようあらかじめ確認しておくのを忘れずに。AC電源が必要な機材を持ち込む場合は、延長ケーブルの用意や、電源利用の事前承諾も重要です。

記憶の想起を支援する工夫

人間の脳には、自分の持っている記憶領域をできる限り節約して使おうとする仕組みが備わっています（認知的経済性と言います）。覚えておく必要がないと思うことは記憶の奥底にしまい込まれてしまいますが、何か手がかりがあれば、ある程度は思い出すことができるようにもなっているのです。記憶の呼び水となるような事物を提示することで「そういえば…」「そういう話なら…」を引き出していきます。それは言葉の場合もありますし、写真やイラスト、ときには部屋の家具や装飾がきっかけになることもあります。写真に関する調査で

Intro.

はじめに

Chap.
1
計画

Chap.
2
準備

Chap.
3
実施

Chap.
4
考察

Appx.

あれば、そこに花瓶や美味しそうなスイーツを用意しておき、実際にカメラを構えてもらうと、普段どんなことを考えて撮っているかより具体的に聞き出せるでしょう。大型テレビに関するインタビューであれば、そこにテレビそのものを置いておくことは勿論、ときには『2.2.1 インタビューを行う場所を決める』(P.077) で不適切だとも書いたソファやローテーブルなどを使ってリビンググループ仕立てのセッティングにする、といったことも決して大袈裟な話ではなくなります。

　また実際に参加者自身のものを持って来てもらう方法もあります。雑誌の購読に関するインタビューなら、家にあるものの中でも特に気に入っていて定期的に買っているものを2～3冊持って来ていただいたり、デンタルケアに対する意識を調査するのが狙いなら、いま使っている歯ブラシや歯磨き粉などをご持参いただいたりできそうです。持って来てもらうことが難しい場合には、写真を撮ってきてもらってはどうでしょうか? 読書や蔵書管理に関するインタビューなら本棚の様子、洗濯や洗剤に関するインタビューなら洗濯機と、洗剤が収納されていそうな洗面所や戸棚の様子、食生活に関するインタビューなら冷蔵庫や冷凍庫の中の様子を撮ってきてもらい、それをパソコンなどで見ながら、あるいは事前にデータで送っていただき、こちらでプリントしたものを見ながら話を聞くができそうです。参加者に持参してもらうものとは別に、こちら側で準備できる場合もあります。
　またある事柄について網羅的に思い出してもらうには、なんらかのテンプレートを提示することも有効です。「今欲しいものベスト3」とか「最近買った

もので一番よかったものと一番失敗したと思ったもの」のような項目立てを用意したり、普段の行動を聞き出すときに曜日別のフォーマットを与えたりといったことです。Appendix には他にも、現場で使える記入ツールをいくつか提供しています。ダウンロードして自由にお使いください。例えば、**"脳内マップシート"**（P. 246）は、ある場面で頭の中で気になっていること、関心を向けていることの比率を、**"24H ライフスタイルシート"**（P. 245）は一日の時間の使い方を、それぞれ詳細に聞き出すことに特化したものです。ただざっくばらんに「話してください」とお願いするよりも、こうしてある程度フレームワークを決めて提示してあげた方が、話し手の側からしても言語化しやすいことが多々あります。この 2 つはあくまで例ですので、インタビューで聞きたいことにあわせてオリジナルの記入ツールを開発してみてください。ペンとクリップボードを持参するのもお忘れなく！

　ひとつ、注意点を挙げるとすれば、書いたり、描いたりすることに対して抵抗を感じる人もいるという点です。なかなかペンを手に取らない人の場合は、聞き手が代わりにその役割を担いましょう。それでも耳に加えて目からも情報が入ってくるようになることで、記憶の想起は容易になります。

Intro.
はじめに
Chap.
1
計画
Chap.
2
準備
Chap.
3
実施
Chap.
4
考察
Appx.

未体験のシーンをより豊かにイメージしてもらう工夫

　一方、アイデアについて意見を聞くようなインタビューでは、その人がまだ体験したことがない事象をイメージして語ってもらう必要があります。そのアイデアを具現化したプロトタイプが既に見せられる状態にあるとも限りません。そのような場合でも、画面写真やラフスケッチが用意してあれば参加者はイメージしやすくなります。プロダクトに限らず利用風景などをイメージした写真やイラストもあるとよいでしょう。

定量的に評価をしてもらう工夫

　インタビューの主目的は印象を主観的に語ってもらうことですが、それでも分析のために定量的な指標が欲しくなる場面があります。ある事柄にどれくらい積極的なのか、提示したアイデアをどれくらい使ってみたいと思ってくれたか、など。「このアイデアが商品化されたら使ってみたいですか？」だと「はい／いいえ」の二択になってしまいがちですが、数直線を見せて、"まったく使いたいと思わない" から "是非とも使ってみたい" までの6段階のうちもっとも当てはまるところに○をつけてみてください」などとすれば、多段階の定量指標データになります（これは**評定尺度法**と呼ばれます）。単に数値を聞き出すだけでなく、「どうしてその点をつけたんですか？」「満点にはあと1点足りなかったようですが、どういうところが今一歩だと感じましたか？」などと深掘りするきっかけにもなります。

数直線を使ったスコアリング

対話をスムーズにしたり、進行役の負荷を下げる工夫

　時計はアナログ時計の方が時間の経過や配分を把握しやすいです。壁時計や置き時計を相手の背後になる位置に置いておけば、それとなく時間を確認できます。逆にあえて腕時計を活用し、相手の話を遮って進めたいときにそれを見るジェスチャーをするというテクニックもありますが、下手にやると感じが悪くなってしまうので注意してください。

　グループインタビューの場合は、互いの名前がわかるよう名札を用意しておくとよいでしょう。A4用紙を折って三角柱状にした簡単なものでも構いません。遠目に見やすいよう、大きな文字で名前を書いておきます。ただしプライバシー保護の観点でフルネームは避け、名字だけをカタカナやローマ字で書くことにします。

気持ちよく話してもらうための気配り小物

　さて場所も決まり、機材やツールが準備できたら、あとは参加者に気持ちよく参加いただくための配慮です。さっと荷物や傘をおける場所が用意されていたり、暑い／寒い中お越しいただいたお礼として冷たい／温かい飲み物やスナックも出ていると、参加する側としては気分がよいのではないでしょうか？機材のケーブルなどが足をひっかけそうな位置にぐしゃっと絡んでいたりはしませんか？養生テープなどで床面などにきちんと固定しておきましょう。タブレット、スマートフォンといった汚れやすい評価機材を使ってもらう場合には、各セッションの合間に画面を綺麗に拭いておくといった心遣いも忘れないようにしたいものです。

　次の写真は筆者の愛用する黒板消しの形をした液晶クリーナーです。タブレットのように広い面積の画面をさっと掃除できるのでおすすめです。参加者に気分よく語ってもらうために、お迎えした瞬間からお見送りが終わるまでおもてなしを意識した空間作りを心がけましょう。

Intro.
はじめに

Chap.
1
計画

Chap.
2
準備

Chap.
3
実施

Chap.
4
考察

Appx.

黒板消し型の液晶クリーナー TENT Display Cleaner

　飲み物はペットボトルの水かお茶が無難です。お菓子を出す場合は、会話や
録音の邪魔にならないよう、お煎餅など咀嚼音が大きくなりがちなものは避け
ましょう。
　その他、本番で忘れたことに気付いて慌てがちなのは朱肉、印鑑マット、
ティッシュの捺印セットです。内輪のリハーサルでは省略するので気付かない
ことが多いです。忘れずに用意しましょう。

Chapter 3 実施

TEXT：奥泉 直子

実施 のチェックポイント

気持ちよく話せる "場" をつくる

☐ ラポール（相手との信頼関係）を築き、対話の土台を固める
☐ ラポールを壊さないように相手の表情や態度を観察し、適切な言葉を選ぶ

柔軟に舵を取る

☐ インタビューガイドは "台本" ではなく "チェックリスト" と心得て柔軟に舵を取る
☐ "誘導" にならない言葉づかいと態度で臨む

語りを引き出す

☐ 質問の基本をおさえて、焦らずに問いを重ねる
☐ 深掘りの基本テクニックを活用しながら忍耐強く問い続ける
☐ 掘り止めの判断を急がない
☐ 文脈や環境や時間をずらす質問で掘り筋を切り替える
☐ 日ごろ意識していないことを考えさせるところまで踏み込む

上達のヒント

☐ メタ認知を磨きながら場数を踏む
☐ 共感することを目指しつつ、共感していることを前提にはしない
☐ ふり返りを怠らず、3 つの "次" に備える

3.1 | 気持ちよく話せる "場" をつくる

Intro.

はじめに

Chap.
1
計画

Chap.
2
準備

Chap.
3
実施

Chap.
4
考察

Appx.

　さあ、いよいよ本番です。十分に計画を練ってインタビューガイドを用意しました。必要なもののプリントアウトや環境の準備も万端です。リクルーティングも完了していますから、あとは当日、参加者との対面を待つばかり……。

　この章では、インタビューを実際に行うときに焦点をあて、限られた時間を最大限に活用して調査の目的を達成するために知っておくべき基本的な心掛けやコツを考えていきます。

　基本を習得済みという方は、『**3.4 上達のヒント**』（P. 190）へ進み、さらなるスキルアップを目指してください。

3.1.1 "場" をつくるのに重要な "ラポール" とは

　インタビューを実施するうえでもっとも重要なのが "ラポール" です。

　"ラポール" とは、フランス語の "rapport" をそのままカタカナにしたもので、"関係" や "繋がり" という意味の臨床心理学用語です。聞き慣れないと何やら難しそうに聞こえますが、要は、**コミュニケーションを取ろうとしている二者が互いを信頼し合い、気兼ねなく、心を開いて語りあえる関係**を "ラポール" と言います。そして、そういう関係をつくることを **"ラポールの構築"** や **"ラポールの形成"** と言います。

　インタビューを行うときに、このラポール形成が重要になることは言うまでもありません。なぜなら、相手の緊張がほぐれ、自分と相手の良好な関係ができてはじめて対話が成立するからです。インタビューを行おうとしている自分と、それに協力し、話を聞かせてくれる相手は、初対面の場合が多いかもしれません。人見知りの程度は人それぞれでしょうが、初対面の人から矢継ぎ早の質問をいきなり浴びせられて気持ちよく思う人はいないでしょう。それどころか、「コワイ……」「来なければよかった……」「早く終わってほしい……」と恐怖感や嫌悪感を覚えてしまうかもしれません。そうなってしまったら、残念な

がらインタビューは失敗です。「コワイ……」と思っている人は、聞き手がこれ以上コワイ雰囲気にならないようにと無難な答えを探すようになるからです。あるいは「早く終わってほしい……」と思っている人は、この時間を一分一秒でも早く終わらせるための応答をするようになるかもしれません。そうなるのを避け、協力してくれた人に「参加してよかった」「楽しかった」と思ってもらうことが目標です。

3.1.2 ラポールづくりの基本の基

自らの "見た目" に気を配ろう

　カタカナにすると意味が見えなくなってしまうので気づきにくいのですが、インタビューという言葉は、"互いに（inter）" と "観る（view）" という2つの意味をあわせ持っています。

　就職の際の面接（ジョブインタビュー）や取材を目的としてジャーナリストが行うインタビューなどの印象から、一方が他方に対して質問をし、それに対する回答という形で情報を引き出す場、聞き手が一方的に相手の反応を観察しながら話を聞く状況をインタビューと呼ぶものだという思い込みに縛られてはいないでしょうか。

　しかしそれでは、聞き手のほうも逆に観られるというイメージは持ちにくくなります。

　どんなインタビューも、本来目指すべきは**互いに見合いながらのていねいな**

対話です。そして、ラポールをつくろうとするときにまず大事なのは、自分も観られているという意識を持ち、よい第一印象を持ってもらえるように立ちふる舞うことに他なりません。

相手の目に自分の姿がどう映るかを想像してください。初対面の人が一瞬でも表情を曇らせるような服装や髪型をしていませんか?

相手がラフな装いなのに、こちらがビシッとフォーマルにきめていては、無駄に緊張させてしまうかもしれません。逆に、相手がビジネスライクな装いでいらしているにもかかわらず、こちらが間の抜けた絵柄のTシャツに短パンでは「バカにしてるのか?」と不信感を抱かせてしまう可能性があります。

相手がどんな装いでいらっしゃるかはそのときになってみないとわかりませんが、その方のお仕事内容やお勤め先からある程度は推測できますし、平日の夜なら仕事帰りの服装、休日の昼間ならお仕事とは関係のない装いだろうと予測できるはずです。とは言え、相手に合わせて着替えるわけにもいきませんから、どちらに転んでも問題のない適度な服装を心掛けるのが基本です。

なかなかの至近距離で言葉を交わすことになるわけですから、ニオイの影響もありそうです。香水は苦手な人もいるかもしれませんから、インタビューの日は控えることにしましょう。インタビューの前日や朝にニオイの残る食べ物を口にしたりはしませんよね?

いずれも**社会人として、それ以前に人として、他人と接するときには考えて当たり前のマナー**ばかりです。相手に対する敬意や誠意の意味を考えれば、どんな状態でその場に臨むべきか、答えを見つけるのはさほど難しくないはずです。インタビューを行うことに少し慣れてきて、必要以上に緊張することがなくなった頃にこそ、うっかり見落としてしまいがちな側面でもあります。インタビューへ臨む前に**自分の"見た目"を確認する習慣**を身につけましょう。

オンラインインタビューの場合は画面越しの対面になりますから、ニオイの問題は気にしなくて済みます。服装への気配りは変わりなく必要ですが、加えてボーダーや細かい水玉模様の衣服は画面越しに見ると目がチカチカして、めまいなどの不快感を覚えさせるかもしれませんので避けましょう。また、自分の背後にあるものが映り込み、相手の興味を引きすぎてしまう懸念もあります。利用するサービスによっては背景画像を変更できますから、それを利用するのも手です。ただし、ウケ狙いのおもしろ画像は避けましょう。

Intro.

はじめに

Chap.
1
計画

Chap.
2
準備

Chap.
3
実施

Chap.
4
考察

Appx.

大切なのは相手に自分がどう見えるかです。つくり物ではない自然な笑顔で対話をスタートするための土台は、個性的な見た目ではなく、自然で無理のない、そして清潔な装いです。

どんな装いの人も普通に笑顔でお迎えしよう

　相手の装いについて触れることは、相手への関心を示す方法のひとつとして一般的ですが、服装や持ち物に対する好みは人それぞれで、ときには目を見張るような服装で会場に現れる人もいて戸惑いを隠しきれない場合もあります。しかし、人の趣味や嗜好にはよいも悪いもありませんから下手な対応は禁物です。自分の驚きや戸惑いを隠そうとしてしどろもどろになるよりは、その気持ちをそのまま言葉にしてしまうほうが反応としては自然です。例えば、ど派手な服装の方には、

「これ、すごいですねー。どこで買うんですか？」

パンクな髪型の方が現れたら、

「すごいベタなこと聞きますが、バンドか何かなさってるんですか？」

真冬にTシャツ一枚でいらした方がいて驚いたことがありますが、

「さ、寒くないんですか？」

と率直に聞いてみたところ、

「今日はちょっと冷えますね……」

と言われて、内心「だったら何か着ようよ！」と思いましたが、笑顔で、

「ですよね〜。風邪、引かないようにしてくださいね」

と返しました。

　オンラインインタビューの場合、服装にはあまり触れないほうがよいでしょう。自宅からの参加となれば、リラックスした装いである可能性が高いし、会場へ出向く場合と違って着るものに意識を向けてすらいないかもしれません。そもそも画面越しに見えるのは顔が中心になりますから、まるで覗き込むようにして装いにまで触れるのは、いきなり立ち入り過ぎです。

自分が最初に言葉を交わすつもりで準備しよう

　清潔感を意識した装いで、無理なく微笑みながら挨拶のできる自分自身が、誰よりも先に相手に接するのであれば、出だしは好調のはずです。しかし、事情を知らない同僚が誰につなげばよいのかわからず右往左往した結果、長く待たせることになってしまうとか、事務手続きを担当するスタッフのうっかりした発言や態度が原因でラポール形成の最初の一歩が残念な結果になってしまうケース、意外とあります。

　社内には事前に通達を出して、大切なお客様がお見えになることを共有しておきましょう。入口で、向かうべき先に迷ってキョロキョロとしている人を見かけたらどこにお通しすべきか、同僚にも知っておいてもらえば、大切なお客様がたらい回しになるような事態を避けられるはずです。

　確実に自分へと通じる電話番号を事前に相手へ連絡しておきましょう。ラ

Intro.

はじめに

Chap.
1
計画

Chap.
2
準備

Chap.
3
実施

Chap.
4
考察

Appx.

ポール形成にとって肝心の初対面を、自分以外の誰かに任せたり、頼ったりすることなく、必ず自分が最初に言葉を交わすつもりで準備しておくことも、ラポール形成の大切な秘訣です。

この点、オンラインインタビューの場合は心配がありません。相手の顔が画面に映ったら、モデレーターがすかさず声を掛けるようにするだけです。

最初の挨拶で緊張をほぐそう

最初は何より肝心です。まず明るく、笑顔で挨拶をしましょう。猛暑日に汗だくで登場した方には、

「暑い中、ありがとうございます。冷たいお茶、よかったらどうぞお飲みになってください」

お持ちになった傘がびしょ濡れだった場合には、

「けっこう降ってました？　こんな天気の中、時間どおりに来てくださってありがとうございます」

電車のダイヤが乱れている日には、

「電車、乱れているみたいですけど、大丈夫でした？」

ちょっと遅れて来られた方には、

「迷っちゃいました？　駅からの道順、ちょっとわかりにくいんですよね、ここ。わたしも最初、迷いました」

インタビューにご協力くださることへの感謝の気持ち、悪天候にめげず約束どおりに来てくださったことへのお礼を、素直に伝えてください。遅刻してしまって「マズイ……」というお気持ちでいらっしゃる様子の方には、その「申し訳ない」という気持ちを早く忘れてもらわなければなりません。その後ろめ

たさが、ほんの少しバリアを厚くします。スタートが遅れた分、密度の濃い時間にすればよいだけです。そう思ってもらえるように、かける言葉を工夫しましょう。

ご協力ありがとう
ございます！

相手のお宅やオフィスへうかがう場合は、何より時間厳守です。少し前に場所を確認してから、ご本人に気づかれることのないところで時間を潰し、約束の時間にうかがいましょう。「お邪魔します」と当然の一言の後で、地域や家についてほめてください。

「駅から近くて便利なところですね。もう長くお住まいなんですか？」

オンラインインタビューの場合は、直接お会いできないことに対する残念な気持ちを伝えるところから始めます。

「直接お会いできず残念ですが、どうぞよろしくお願いします」

会場に来てもらうときの道順と同じように、オンラインインタビューの場合は接続に手間取らなかったかを聞いて、労いの一言をかけるとよいでしょう。

「接続はすんなりできましたか？ 慣れないことにお手数をおかけしてすみません」

Intro.
はじめに

Chap.
1
計画

Chap.
2
準備

Chap.
3
実施

Chap.
4
考察

Appx.

会場へお招きしてインタビューをするときは、夏なら冷たい飲み物を、冬の寒い日には温かい飲み物を提供して緊張をほぐすのは定石ですが、オンラインではそれができません。インタビューの途中で喉が渇いて中座されるようなことがあると時間がもったいないし、話が途切れてしまう懸念もあります。できればはじめる前にご準備いただきましょう。

　「今日はたくさんお話を聞かせていただく予定なので、喉が乾いてしまうかもしれません。飲みながらご参加いただいて大丈夫なので、よろしければまずお飲み物をご自分でご準備いただけますか？」

　インタビューを行う環境によってかけるべき言葉は違ってきますし、相手の状況にもよりますが、なめらかに言える鉄板のセリフを自分なりにひとつふたつ用意しておくと安心です。

column

写真やビデオの撮影について事前に知らせ損ねていた……

　写真や音声の記録をとらせてもらうために、事前に承諾のサインをいただくことがありますが、まだラポールが形成されないうちに、寝耳に水の写真撮影が必須というニュアンスで話してしまうと、その後のラポール形成が少し大変になります。

　当日になって拒絶されるのを防ぐためにはリクルーティングの段階でお伝えしておくのが基本ですが、お伝えしてあったとしても、いざとなると拒否反応を示す方がいらっしゃいます。もし少しでもそんな雰囲気が見えた場合には、「無理しなくて大丈夫ですよ」と声をかけて、同意書への署名はとりあえずなしにする、そんな臨機応変な対応が重要です。最初は拒否反応を示した人も、ラポールが形成されていくうちにほぐれて、「写真くらい、全然だいじょうぶですよー」と終わり際には快諾してくれることが少なくありません。事務手続きも含めて、焦りは禁物です。

　ただし、まず署名をいただかなければインタビューを始められないというケースもあり得ます。法務や経理など担当部署と事前にしっかり打合せをして、臨機応変な対応がどこまで許されるのかを確認しておきましょう。

3.1.3 ラポールを固めるための二の矢三の矢

「わたし、傷つきませんので！」と宣言しよう

　挨拶ひとつでラポールをつくるのは簡単なことではありませんし、盤石なものにはなりません。抜かりなく二の矢三の矢を放って、ラポールを固めていく必要があります。

　見ず知らずの人（インタビューの聞き手となるあなたのことです）と同じ時間と場所を共有するわけですから、相手にとってもラポールは重要です。自分の発言や態度で雰囲気を悪くして、居心地が悪くなるのは避けたいと、人間なら自然に考えるはずです。

　そして質問に答えるときには、「こんなことを言っては失礼ではないだろうか？」「あまり否定的な意見を言うとこの人があとで困ったことになるかもしれない……」などと気を使ってくれたりします。そうすると、当たり障りのない意見に終始して、否定的な意見は出てきにくくなってしまいます。

　そんな事態を避けるために、自分は調査のテーマについての専門家ではなく、この場の進行役を担っているに過ぎないということを伝えたうえで、

　　「何を言われても傷つきませんので、遠慮なく思ったとおり、感じたとおりのことをおっしゃってください」

と笑顔で言ってください。多くの人が「何を言われても傷つきませんので」のあたりでクスッと微笑んでくださいます。この瞬間に緊張が緩み、ラポールの土台が完成します。

共通点や共通の話題を探そう

　ラポールをつくるには、相手に好印象を持ってもらわないとなりません。第一印象でいきなり嫌われないようにするために自分の見た目に気を配り、笑顔で気持ちよく挨拶をしたはずです。微笑みを引き出すことでできあがったラポールの土台の上にもう1段を積み上げるためには、相手と自分との共通点を

Intro.

はじめに

Chap.
1
計画

Chap.
2
準備

Chap.
3
実施

Chap.
4
考察

Appx.

見つけて話題にする方法が有効です。

　例えば、**居住地や出身地**です。

　「どのへんにお住まいですか？」「今日はどちらから来てくださったんですか？」と住んでいる場所を聞いたら、「わたしも以前そのあたりに住んでました！」「友だちが住んでいるのでよく行きます！」と返します。

　「ご出身はどちらですか？」と聞いて、たまたま同じ出身地というケースは稀かもしれませんが、行ったことのある地名が出てきたら「行ったことあります！○○がおいしいですよねー」とか、「今度行くんですよ！ どこかおすすめの場所はありますか？」などと返してみてください。

自分：「出身はどちらですか？」

相手：「北海道です。帯広ってわかります？」

自分：「もちろん！ 学生時代の友だちを訪ねて遊びに行ったことありますよ、
　　　　何回も」

相手：「へぇ〜」

自分：「帯広と言えば……」

相手：「六花亭ですか？」

自分：「いや、わたしは柳月のほうが好きです！ もっと言うと、ナイタイ高原
　　　　牧場のソフトクリームが大好物です！」

相手：「よくご存知ですねー。じゃ、最近オープンしたあれはご存知ですか？」

自分：「え、なになに？」

みたいな感じで話が弾み、ラポール形成完了です。自分が生まれ育った土地の話題になれば、地元ならではの話をしたくなるのが人情です。知らない地名が出てきたときは、いつか訪れる機会が来ることを想像しながら前のめりで「どんなところですか？」「なにが美味しいですか？」と聞いてみましょう。

　参加者リストに事前に目を通したうえで、参加者の住所や出身地に関連する旬の話題を事前に調べておけば、行ったことのない地名が出てきても焦らずに済みます。

　相手の服装や持ち物、訪問先ならお宅やオフィスにあるモノ、オンラインインタビューならば背後に写りこんだモノや人などの話題も使えます。愛着のあるモノコトについて聞かれれば、誰もが嬉しそうに、楽しそうに語り出してくれることでしょう。一緒に盛り上がれる共通の話題を見つけやすくするためには、日ごろから幅広い話題に意識を向け、情報収集しておくことも大切です。

　盛り上がりすぎて長くなってしまわないように注意しつつ、ラポールを固めることを目指します。

自分の話もしよう

　インタビューの冒頭では、相手の人となりや生活の様子をざっくりと捉えるために、家族構成や仕事の内容などプライベートに立ち入ったことを少々かがうことになります。ラポールがまだ安定しないうちにそうした質問をした場合、特に個人情報やプライバシーの保護に敏感な人であればちょっとした抵抗を示します。「いきなりそういうことを聞かれるんですね……」とボソッとつぶやいたりなんかして。

　ここで壁をつくられてしまうと、ラポールができませんから、速攻手を打たねばなりません。そんなときは、こちらの個人情報もさりげなく開示します。

　年齢が近ければ、

「同世代ですね」

　子どもの年齢が一緒なら、

「うちの子も同じ1年生です」

Intro.

はじめに

Chap.
1

計画

Chap.
2

準備

Chap.
3

実施

Chap.
4

考察

Appx.

家族構成が同じなら、

「うちとまったく一緒です」

という具合に、一方的に開示してもらうのではなく、お互いに情報を出し合うつもりで合いの手をいれてください。基本にあるのはやはり共通点探しです。互いの生活環境に同じところがあって、理解し合える面があると思ってもらえれば語りを引き出しやすくなります。
　共通点が見つからないときはどうしましょう？　例えば、男の子３人の子育てをしているお母さんには、

「うちは子どもがいないので、３人の子育て、しかも男の子ばっかり３人の子育てって想像するにめちゃくちゃ大変そうですね……」

　趣味はゴルフだというオジサマには、

「ゴルフはまったくの未経験なんですけど、どういうところがそんなにおもしろいんですか？」

と、教えを請うつもりで質問をしてみましょう。
　先に書いたとおり、インタビューは相互作用ですからたったこれだけで相手の抵抗感は薄れますし、相手が師匠で自分が弟子という構図もつくりやすくなります。
　ただし、やはり話が長くなりすぎないように注意しなければなりません。聞いてくれる人がいてうれしいあまり話が止まらなくなってしまう人がいます。ゴルフの話はいかにも危ないです。折を見て話の腰を折りましょう。ラポールを壊さないように、

「楽しいお話をもっとお聞きしたいところではありますが、そろそろ本題に進まないと時間が……」

とフォローを添える配慮が大切です。

ラポールができていないことに気づこう

　ラポールができつつあることは、相手の表情を見ていればわかります。先にも触れたとおり、笑みがこぼれれば土台は完成です。いつまでも顔がこわばっていたり、視線を合わせることを避けたりするような素振りが見られたときは、ラポールが未完成のサインです。

　質問に対して、ぼかした回答をするような場合も怪しいです。例えば「お住いはどちらですか？」という問いに、「都内です」と答えた人がいました。個人情報を聞かれることに抵抗を感じていると察せられます。それに気づかず「都内のどのあたりですか？」と直接的に詰め寄ると、壁はいっそう厚くなってしまいます。例えば、実際にどこに住んでいるかではなく通勤時間を聞いておきたいという場合には、次のように質問を変えてしまいましょう。

自分：「お住まいはどちらですか？」
相手：「都内です」
自分：「都内……ということは、八丈島あたりも都内ですよね」
相手：「たしかに……」
自分：「電車で行ける範囲ですか？」
相手：「はい、もちろん」
自分：「通勤時間はどのくらいですか？」
相手：「一回乗り換えるので、合わせるとその移動も含めて40分くらいですかねー」
自分：「乗り換えの駅はどこですか？」
相手：「永田町で半蔵門線から有楽町線に乗り換えます」
自分：「え？　あそこの乗り換え大変じゃないですか？　エスカレーターに到達するまでにすごい時間かかりません？」
相手：「そうなんですよ。エスカレーターまでたどり着くころには次の電車が入ってきます」
自分：「ということは、電車に乗っている時間だけだと……」
相手：「30分くらいですかね、だいたい」

　冒頭の生活環境や人となりを知るための質問ひとつひとつにも意図があるは

Intro.

はじめに

Chap.
1
計画

Chap.
2
準備

Chap.
3
実施

Chap.
4
考察

Appx.

ずです。それをしっかり頭に入れて、相手が言いたくないと感じることを避けられるなら避ける工夫をしながら問いかけましょう。

column

想定と違う人だとわかったときの対処法

　ラポールづくりを意識しつつ、今回のリサーチにふさわしい人かどうかを確認するための質問を二つ三つお聞きしたところで、リクルーティングのときに確認した属性とどうも少し違っているようだと気づきました。さて、どうしましょう？

　プロトタイプの用意がある仮説検証型のインタビューであれば、プロトタイプの調子が悪く、操作をしてもらうことができなくなったため……と言って早めに切り上げることができます。せっかく協力するつもりで来てくれたのにお帰りいただくことになったことに対してしっかりとお詫びしましょう。

　機会探索型やタスク分析型の場合は、属性にあまり関係しない質問や、将来的に役立つ可能性がありそうな問いに絞ってインタビューを行ってはどうでしょうか。問いの数はどうしても少なくなりますからあっという間に終わってしまうかもしれません。そんなときは、「てきぱき答えてくださったので、予定よりも早く終わりました」とご協力に感謝して、お帰りいただきます。

　話を聞いてもデータとして使えないのであれば、お互いに時間の無駄だからと早々に打ち切りを決めることもある意味では誠意ある対応かもしれません。とあるアメリカ企業からの依頼でインタビューを行ったときに、開始10分で「もう帰ってもらってください」と指示を受けて驚いたことがあります。約束の謝礼を払えば問題なしという割り切った考え方に感心しつつ、自分の判断で30分くらいはインタビューを行いました。気持ちよく帰っていただけるように場を切り盛りするのもモデレーターの務めです。不愉快な気分で帰らせることになってしまった場合、こうしたインタビューに協力しよう！と思っていただけなくなってしまうかもしれません。インタビューをはじめとする調査は協力してくださる方がいてはじめて成立するものです。今回の調査目的には合わない人だったとしても、別の調査では最高の情報提供者になることだって考えられます。どんな場合も気持ちよく帰っくいただけるよう最善を尽くしましょう。

相手に若干 "上" に立ってもらおう

　人と話をするときに、どちらが上も下もないと思われるかもしれませんが、言葉の選び方や話し方を間違えると、まったく意図していないにもかかわらず "高圧的な人" という印象を相手に与えてしまいます。かといって、こちらがあまりにもへりくだっていると、腹を割った本音の話をしにくいかもしれません。目指すは、相手にほんの少しだけ "上" に立ってもらって、気持ちよく話していただくくらいのラポールです。

　そういう意味で、自分の持っている知識や経験をひけらかすような物言いは好ましくありません。

　「最近○○って流行ってますけど、ご存知ですか？　あれって、△△が背景にあって、一方で□□というこれまでの経緯もあって、こういう流れになっている……、ということもあるようなのですが、どう思われます？」

　こんな聞き方をすれば、相手は「俺よりよく知っているじゃないか……」「わたしに聞くまでもないじゃない……」などと思い、発言を遠慮してしまうかもしれません。あるいは、こちらの意見や考えを先に示してしまうと、本当は別の意見や考えがあったとしてもそれについては触れず、ついこちらに合わせた発言をしてしまう可能性も高まります。

Intro.

はじめに

Chap.
1
計画

Chap.
2
準備

Chap.
3
実施

Chap.
4
考察

Appx.

こちらはむしろ、あまりよくわかっていないふりをして、相手に教えを請うのがちょうどよいです。話が進まず、呼び水を差す必要があるときには、「わたしもあまり詳しくないんですが……」「自分も人から聞いた話なんですが……」といった前置きを添えて、2人の上下関係が逆転しないように配慮します。

特に仮説検証型インタビューの場合、仮説に対する思い入れの強さに比例して、自分の意見や思いを押し付けるような聞き方になりがちなので注意が必要です。一度仮説を立ててしまうと、それを支持する情報ばかりに注意を向け、その反証となる情報を軽視したり、黙殺したりする"**確証バイアス（confirmation bias）**"と呼ばれる強い傾向をわたしたちの脳は持っていますから、それに負けて「あなたもこう思いますよね？」という押しつけ口調にならないよう用心しましょう。

敬語が絶対と思うべからず

初対面の相手ですから、最初はていねいに敬語で声をかけます。ただし、お互いに気をつかいながら、ていねいに言葉を交わし続けるのがどんな相手の場合も常に適切かというとそうとは限りません。

相手が親子ほども年齢の離れた年下の場合、こちらが必要以上にていねいな物言いをしていると、それがかえって緊張を煽ります。ラポールができてきたと思ったら、少し表現をやわらかくして距離感をつめてみてください。ただし、一気につめ寄ると引かれてしまいますので、徐々にです。様子を見ながら、「早すぎた」と思ったときはフォローしながらていねいな雰囲気に戻します。

自分：「ご両親と一緒にお住まいなんですか？」
相手：「そうです。でも、春からひとり暮らしをしたいと思っていて、準備してます」
自分：「おぉ～、それは楽しみですね。ご両親はなんて言ってるんですか？」
相手：「まだ言ってないです………」
自分：「えーーーーー、ほんとに？」
相手：「ほ、ほんとに………」
自分：「もう3月だよ。大丈夫？」
相手：「マズイ……ですかね？」

自分：「マズイマズイ。………いや、大きなお世話ですね（笑）。つい親御さん
　　　のほうの気持ちになってしまいました。すみません」

　逆に相手がずっと年上の場合も、お子さんやお孫さんの立場を模して立ちふ
る舞うと打ち解けやすくなることがありますし、同年代なら同年代で子どもの
頃に流行った歌やアニメの話で盛り上がれば、あっという間にお友だちな雰囲
気に持っていけることもあります。結局、相手次第ではあるのですが、安心安
全な敬語を使いとおすよりも、ラポールのためには**ちょっと砕けた雰囲気**をつ
くり出すのが効果的な場合もあることを覚えておきましょう。

3.1.4 ラポールが崩れる要因と立て直し方

不快感に繋がる言葉づかいを避けよう

　人には"ネガティビティ・バイアス（negativity bias）"があります。好まし
い情報よりも、好ましくない情報のほうに注意を向けやすく、記憶もしやすいと
いう認知の癖です。つまり、インタビューの相手に一度悪いイメージを持たれて
しまうと、坂道を転げ落ちるように関係性はどんどん悪化し、取り返しがつかな
くなる可能性があります。一からラポールをつくるよりも、一度壊れたラポール
をつくり直すことのほうがずっと難しいので、ラポール崩壊は全力で防がなけれ
ばなりません。
　対策のひとつ目は、相手に不快な思いをさせないことです。
　例えば人と話をしていて、「だから……」という出だしに遭遇して嫌な気分に
なった経験はありませんか？　なんだかんだと話が続き、こちらがちょっと聞
き返したり、内容を確認したりしようとして口を挟むと、相手が「だから……」
と、いかにも少しうんざりした雰囲気で話し始める感じです。

自分：「読書の習慣について聞かせてください」
相手：「通勤のときの話ですよね？」
自分：「いえ、通勤に限らず、読書全般についてなんですが……」
相手：「電車で読むことが多いです」
自分：「なるほど。では、通勤のとき以外はあまり読まないということですか？」

Intro.

はじめに

Chap.
1

計画

Chap.
2

準備

Chap.
3

実施

Chap.
4

考察

Appx.

相手：「いや、そんなことないですよ。通勤以外の話のほうがよいですか？」

自分：「いや、だから、通勤もひっくるめての読書の習慣のお話を……」

相手：「じゃ、通勤の話からでよいですよね？」

自分：「そのほうが話しやすければ、はい、では通勤のときの読書の仕方を教えてください」

　この「だから……」や「ですから……」に不快感を覚えるのは、「どうして一回でわからないの？」という心の声が透けて見えるからです。自分は、わかりやすく問いかけているつもりです。そして一度で話が通じないのは、あくまでも相手の理解力が乏しいのが原因だという決めつけがあるように聞こえてしまうのです。

　同様に、「実は、かくかくしかじかこういうつもりで、ここにこんなデザインのボタンを用意してあったんですけど……」のような感じで登場する「実は……」も、「あなたは注意力が足りないせいか気づかなかったようですけれど……」といった意味合いが含まれているように聞こえる可能性がありますし、伏せていた情報を得意げに披露する雰囲気にもなりかねません。そう受けとめられた場合、気づくかどうか試されているというネガティブな印象を持って以降の質問に臨まれることになり、リラックスした雰囲気で、気楽に本音を語ってもらうことは難しくなってしまいます。

　いずれも単なる口癖で、そこまでの意識はない場合が多いかもしれませんが、**相手には不快に聞こえる可能性**があることを念頭におき、普段から使わないようにしましょう。

明らかな言い間違いをさりげなく指摘したい……

お話を聞いていたら、"うぃーふぃー"なる言葉が出てきました。「はて、なんのことだ？」と一瞬思いましたが、文脈から"Wi-Fi"のことを間違えてそう言っているらしきことに気づきます。さぁ、あなたならこんなときどうしますか？

覚え違いや言い間違いを表立って指摘されるのは少し恥ずかしいものです。ましてやインタビューという場で音声は録音されています。下手な指摘をすると、相手に不快な思いをさせて、ラポール崩壊を招いてしまうかもしれません。

例えば先の"うぃーふぃー"の場合、「さっきおっしゃっていたWi-Fi（わいふぁい）のことですが……」と何事もなかったように正しい読み方で次の質問を投げかけてしまうのが一つ目の作戦です。このとき、質問を共有するのが意図と見せかけて"Wi-Fi"と紙に書きながら、"わいふぁい"と読んであげると、相手も自分が"うぃーふぃー"と思っていたものを指して"わいふぁい"と読んでいることをはっきりと理解できますので、すんなり学習することができます。おそらく次から何事もなかったように"わいふぁい"と言うようになるでしょう。

あるいは、「さっきおっしゃっていたのってWi-Fiのことですか？」とやはり紙に書きながら聞き、まず"Wi-Fi"のことを言っていたのを確認したうえで、「これ"わいふぁい"って読むみたいですよ。わたしもはじめはわからなくて人に聞いたんですけどね……」といった感じで、読み間違えは誰にでもあり得るというニュアンスを添えて直接的に指摘してあげるのが二つ目の作戦です。このとき注意したいのは、相手の言い間違いを声に出すのは控えることです。間違いを指摘されるだけで恥ずかしいのに、それを耳で聞くと恥ずかしさが倍増してしまいます。そこであまり恥じらいを持たれてしまうと、そのあと口が重たくなってしまう危険があります。それを避けるためにも、上手に指摘してあげなければなりません。

Intro.

はじめに

Chap.
1

計画

Chap.
2

準備

Chap.
3

実施

Chap.
4

考察

Appx.

相手の理解力や知識レベルは遠回しに探ろう

　質問を投げかけ、相手がいまひとつ理解できないといった雰囲気でどう答えようかと考えているときについ「質問の意味、わかりましたか?」と聞くのはできれば避けたいです。

　「だから……」と同じで、相手の理解力がこちらの要求に見合っているかどうかを探るようなニュアンスがあるからです。これを避けるために、相手が質問を理解できたか、できないかを確認するのではなく、質問が相手に伝わったかどうかを確認するような言い回しを使いましょう。例えば「質問の意味、伝わりましたか?　うまく質問できなくてすみません。改めてもう一度……」といった具合に、相手が理解できない場合にはうまく伝えられなかった自分の側に非があるということにします。

　では、相手がどの程度の知識を持っているか、どう理解しているかを探ること自体が調査のねらいの場合はどうしましょう?　例えば、オンラインショッピングサイトが提供する会員特典やクレジットカードの優待特典などを利用者がどのくらい把握し、活用しているかを確認したいときです。

　「今お使いのクレジットカードにどんな優待サービスがあるかご存知ですか?」

のように聞くと、多くの人は一瞬かたまります。カード会社がよかれと思って提供しているサービスが多岐にわたり、多くのユーザーはそれをすべて把握できていません。「特典がよかったのでこのカードをつくった」と自分で言っておきながら、どんな特典があるのかと問われると自信を持って言える知識があまりないことに気づいてしまうからです。特典をたいした活用できていない事実を受け入れがたいという気持ちも発話を邪魔するかもしれませんし、「自分をよく見せたい」「他人に評価されたい」という承認欲求が適当な発言をもたらす可能性もあります。

Intro.
はじめに

Chap.
1
計画

Chap.
2
準備

Chap.
3
実施

Chap.
4
考察

Appx.

こんなときには、**"自分の知っていることを家族や友だちに紹介する"** といういうシナリオを活用します。

自分：「お友だちとお茶しているときに、クレカなに使ってるの？ みたいな話になったとしましょう。<u>特典どんな感じ？ と聞かれたら、なんて答えますか？</u>」

相手：「還元率がお得だよ！ ですね、まず」

自分：「何％なの？ と聞かれたら？」

相手：「それは即答できないんで、その場でググるか、"自分で調べて" って言いますね」

自分：「数字ははっきり覚えていないけど、還元率がお得なのは間違いないってことですか？」

相手：「つくるときにいろいろ調べて、最後は還元率で決めたので間違いないです」

自分：「なるほど。じゃー、先ほど "まず還元率" っておっしゃったんですけど、特典として次に挙げるとしたら何ですか？ <u>お友だちに教えてあげてください</u>」

相手：「家族カードも年会費無料でつくれるから、旦那のポイントも使えるよって」

自分：「あはは、なるほどー。実際、ご主人が買い物した分のポイントも奥様が？」

相手：「たまに美味しいスイーツをこっそり買ったりとか笑」

自分：「他には？　他の特典は？　とさらに聞かれたらどうしましょう？」

相手：「他……ですか？　うーん、どうだろう？　すぐ出てくるのはもうないですね。自信もって言えるのは還元率と家族カードのことくらいなので、うちはそれで十分って言います。逆に他になにがほしいの？　って聞くかも」

　友だちや家族に紹介するとなれば適当なことは言えない、言いたくないという思いが強まるので、自信を持って言える知識がどこまでなのかを考えるようになります。「知っていることを教えてください」と直接的に聞くよりも、ずっと真実味のある話を聞けますから、ぜひ試してみてください。

不信感は芽の内に摘もう

　ラポールは言い換えれば信頼関係ですから、相手が不信感を抱いてしまえば壊れるまではすぐです。

　人は、話すテンポやテンションが合わないだけで不信感を抱きます。歩み寄る気持ちがあればそれらは自然と合っていくものだということを経験的に知っているので、いつまでもかみ合わないと、そもそも合わせる気がないように感じるからです。

おそらく多くの人が比較的自然に実行できているのではないかと思いますが、相手がハイテンションで楽しげに話していれば、こちらもそれに合わせて楽しげに聞き、リズムよく相づちを打ちます。あるいは物静かに淡々と、じっくり考えながらゆったりしたペースで話をしている方には、こちらも同様にどっしりと構え、決して無理にテンションを上げようとしないことです。

　もちろん、こちらには限られた時間を有効に使うという使命がありますから、ちょっとペースをあげて欲しいな……というときには、意図的にこちらの話すスピードを少しだけ上げてみたり、テンションの高いまま勢いで話さず、少しじっくりと考えて欲しいときには、こちらのトーンを下げてみたり、少し余分に間をとって、相手のテンションが落ち着くのを待ったりしてみるといった対応も効果的です。

　適切な表情で相づちを打つことは、テンポやテンションを合わせるだけでなく、相手の話をしっかり真剣に聞いています！という合図を送るための大切な武器です。過剰にならないように気をつけながら適度に打ち続けます。頻度が多すぎたり、声が大きすぎたりすれば邪魔になり、かえってテンポを乱すかもしれませんし、逆に小さすぎたり、うなずくだけだったりして相手に伝わらなければ役目を果たしません。オンラインインタビューの場合はなおさら伝わりにくくなりますから、少し大げさなくらいの相づちが必要になります。はぁ、へ〜、なるほど、ほうほう、え？、ホント？、うんうん、あぁ、そうか！、確かに、などなど相づちをたくさん用意して、人の話を聞くときにはいつでも自然に出てくるように、日頃から練習してください。話の合間合間に絶妙な相づちを入れることで、相手はとても気持ちよく話せるようになりますし、質問の内容や意図が正確に伝わっていれば、どんどん話を続けてくれるはずです。

　相づちを上手に打てない聞き下手は、まずそこから練習が必要です。家族や友人とのなにげない会話でできないものは、インタビューでもできません。日常生活の中で訓練を積んでください。

　自然な相づちを適度に打てるようになったら、インタビューならではの不信の種に注意を払います。

　やってしまいがちなのは、同じ質問をくり返してしまうことです。まず考えられる状況は、インタビューの前半で話の流れに乗って上手に聞けてしまった質問を、後半になってもう一度聞いてしまうミスです。同じ質問を受けた相手の頭には、次のような疑問や疑惑が浮かぶはずです。

Intro.

はじめに

Chap.
1
計画

Chap.
2
準備

Chap.
3
実施

Chap.
4
考察

Appx.

「さっきの答えじゃマズかったのかな？　なにか違う回答を期待されてる？」

「さっきも言ったのに、この人、話きちんと聞いてるのかな？」

　このとき相手の顔には訝しげな表情が浮かんでいるはずです。まずはそれを察知できるようになりましょう。そして、確認の意味でもう一度という体で次のようにかわします。

「……という質問はさっきしましたね。○○というお答えでしたが間違いないですか？」

　インタビューをする側も人間ですから記憶容量には限界があります。ましてや、日に複数のインタビューを行えば、目の前の相手から聞いた話だったか、ひとつ前の人の話だったかも瞬時には思い出せないくらい記憶が混ざってきます。しかし相手は、こちらの事情を察することができません。だって、何人にインタビューをしているのか知りませんから。こちとら一生懸命に質問に答えているのに、しっかり聞いてくれていないとなればカチンとくるのも人情です。それがラポールを崩す引き金になってもおかしくありません。

　どの質問に対して、どんな回答があったのかを自分でわかる程度にメモしておくのが備えになります。話の流れに乗って、後半で聞くはずだった質問を予定とは違うタイミングで聞いた場合、ガイドをペラペラとめくってすばやく当該質問を見つけ、そこに回答をメモしておければ、話題がそこまで進んだときに「これはさっき聞いた」と思い出すことができるはずです。

警戒心を察知して聞き方を変えよう

　人の警戒心は、自分を守ろうとする本能から生まれます。言い換えれば、危険を感じているということです。インタビューとは言え、個人情報をあまり言いたくないと思っていれば、住所を聞かれて「都内です」と警戒心バリバリの答えをしてしまうのは無意識の抵抗です。先に書いたとおり、**言いたくないことは言わずに済むように質問の内容や聞き方をアレンジする**のがひとつの対策になります。

個人情報の他にも、コレを聞かれたら困る……といった心配事を抱えていれば警戒心が強くなります。例えば、リクルーティングのアンケートでうっかり、あるいは意図的に嘘をついてしまっているような場合です。

　最近新しくはじめた習慣を記入する欄に、習慣と呼ぶにはほど遠い回数しか実行していないにもかかわらずランニングと書いてしまったとしましょう。インタビューの中でその話題が出たとき、相手の頭の中には次の選択肢が浮かびます。

- 嘘とバレないようにそれっぽく話す
- 習慣化するほど続かなかったと正直に話す

　ひとつ目の選択肢を取られてしまった場合、ラポールが崩れる恐れがあります。嘘に嘘を重ねるわけですから、バレないようにと慎重にならざるを得ません。同時に、嘘をつくような人間だと思われたくないという気持ちが膨らみ、申し訳ない気持ちでいたたまれなくなって「早く帰りたい」と思うようになります。そうした気持ちは、ぶっきらぼうで曖昧な回答やていねいで慎重な言葉づかいとして表面化してきます。例えばこんなふうに。

自分：「アンケートに、最近ランニングをはじめたとありましたけど……」
相手：「ええ、まあ」
自分：「なにかきっかけがあったんですか？」
相手：「体重が少し……（ボソボソ）」
自分：「どのくらいの距離を走るんですか？」
相手：「少しです、少し」
自分：「週に何回くらいです？」
相手：「週末だけですね」
自分：「毎週末？」
相手：「ええ、だいたい（あ〜、もう勘弁してぇー）」

　さっきまで笑顔いっぱいで趣味の話をしていたのに、打って変わって言葉数が減り、距離や回数を具体的に言わなくなってしまったことから、「さてはそれほど走ってないな？」と察することができます。それを直接的につっこむと

Intro.

はじめに

Chap.
1
計画

Chap.
2
準備

Chap.
3
実施

Chap.
4
考察

Appx.

それこそラポールが崩れますから、自分を引き合いに出しつつオブラートに包んで、正直な話をしやすくしてあげましょう。

「わたしもランニングに挑戦したことありますけど、ぜんぜん続きませんでした。○○さんはどうですか？ 続いてます？」

あるいは、アンケートへの回答を修正するチャンスをあげるべく次のように聞いて、矛先を変えてあげる手もあります。

「アンケートでは"ランニング"ってことでしたけど、その他にも、最近はじめたことありますか？」
「ランニングよりも習慣化していることにはどんなことがありますか？ スポーツじゃなくてもよいですよ」

重要度の低い質問であれば、データの信憑性が低いことを後で思い出せるように"ランニング？"とでもメモを取り、深追いせずに次の話題へと進む手も考えられます。
とにかく、一度ついた嘘を修正するのは認知的にとても苦しい作業です。しかし、嘘っぽい話をそのまま受け取ったり、さらに悪いことに嘘の上塗りをされたりすれば、ラポールもデータも怪しくなってしまいます。嘘に縛られている可能性に気づいたら、嘘を責めず、間違いを修正するつもりで真実を聞き出すか、別の話題に進むべきかの判断をしましょう。それがラポールの維持にも繋がります。

"見る"のではなく"観る"ようにしよう

インタビューで聞き取った内容は、記録として書き起こされ、多くの人たちと共有されることになるでしょう。そのとき共有されるのは、書き起こすことのできた言葉以上にはなり得ません。しかし、相手と時間や空間を共有し、実際に言葉を交わすあなたは、言外の仕草や雰囲気から多くのことを感じ取るはずです。
相手が言葉にできずにいる部分、言葉にする必要がないと思い込んでいるか

もしれない部分に気づき、言葉にして語ってもらうためには、相手の仕草や態度に目を配り、身なりや持ち物にも意識を向けて“観る”ことが必要になります。

　インタビューが始まって間もない頃から、相手がやたらと腕時計に目をやっていることに気づいたとします。本人が意識しているかどうかにはかかわらず、それは「早く終わりたい」という気持ちが心の中にあることの表れと考えて間違いないでしょう。理由はどうあれ、「早く終わりたい」と思っているのだとしたら、早く終わるための受け答えになってしまっている危険性がありますので、問いを投げる側には細心の注意が必要になります。

　ちなみに、時間が気になってどうにもソワソワが収まらないとしたら、やむを得ない事情があるのかもしれません。まずいちばんに考えられるのはトイレへ行きたくなってしまったというケース。言い出しにくいので、インタビューが終わるまで我慢しようと考える人は少なくありません。こちらとしては多少インタビューを中断することになったとしても、すっきり用を足し終えて、インタビューに集中してもらえる状況をつくることのほうが大切です。そんな様子が窺えたときには、あくまでもさりげなく休憩を挟むことにしましょう。「もしトイレへ行かれるようでしたら……」とこちらから場所をご案内してあげると、相手も席を立ちやすくなります。

　「実は嫁さんが急に産気づいて……」とか、「今日は息子の合格発表の日で……」とか、聞けば確かにインタビューに集中できない気持ちもわかります！という事態だってあり得ます。どうにも様子がおかしいときには、それをいち早く察知して、上手に聞き出し、場合によっては「電話が鳴ったら、どうぞ遠慮なく出てくださいね」と声をかけてあげたり、「日を改めましょうか？」とその日は打ち切りにすることを提案したりしてみましょう。

　一瞬、相手が口を開けた……。でも何も言葉が続かない。そんな様子も上手に拾いましょう。口を開けたときは、確かに何か言葉を発しようとしたに違いありません。しかしそれを思いとどまったのはどうしてでしょう？　たいした話じゃないと思ってしまったのでしょうか？　質問とは関係ないと判断したのでしょうか？　口を開きかけたのに言葉を飲み込んでしまったという様子を観たら、すかさず「何か言いかけました？」と声をかけましょう。その場で聞かなければ、何か言いかけたという事実すら忘れられてしまうかもしれません。まだ喉元にあるうちに聞き出すことが重要です。

Intro.
はじめに

Chap.
1
計画

Chap.
2
準備

Chap.
3
実施

Chap.
4
考察

Appx.

自宅からオンラインインタビューに参加してもらっている場合は、家族との
コミュニケーションがインタビューに割り込んでくる可能性があります。例え
ば「お母さん、お菓子を食べてもよい？」「ねぇ、パパぁ〜、それ何時に終わる
の？」と口パクで、あるいはジェスチャーで親と会話をしようとする子どもが
いる場合です。「仕事中だから入ってこないで！」とビシッと言ってくれる方も
いますが、背景画像を変えてこちらに見えないようにしているのをよいことに、
いつの間にか後ろでお子さんを遊ばせてしまうような人もいなくはありません。
お子さんがいてもインタビューに集中してくれているようであればそのままで
もよいですが、集中を欠いている様子が見られた場合は、勇気を出して、お子
さんの退席をお願いしましょう。

　いずれにしても、相手の動きや変化を敏感に察知して言葉をかけられるよう
になるためには、相当の観察眼が必要になります。日頃から "観る" 訓練を重ね
ましょう。

仕草や態度の中にも、考えを理解するためのヒントが

3.2 柔軟に舵を取る

インタビューを成功させるにはもう一つ、常に意識し続けなければならない大事なコトがあります。船長が、航路の天候や波の状態に合わせて舵を切るがごとく、対話の流れを読み、調査の目的を達成するための道筋を見定めて進行を司ることです。

半構造化インタビューを行うときには、事前にインタビューガイドを用意するのが通例ですが、実際には、その通りに話が進むものではありません。時間が足りなくなってどこかを省略したり、短く切り上げざるを得なくなったりすることもあれば、話の流れで質問の順序を入れ替えたりすることもしばしばです。

あるいは、相手がなにか面白いエピソードを聞かせてくれそうなときには、ガイドをまるきり無視してそちらに時間を割くこともあります。こうした臨機応変な対応をできることこそが半構造化インタビューのメリットではありますが、何も考えずに流れに身を任せていては、聞くべきことを聞き逃してしまいます。

そうした事態を避けるために必要な心掛けは、当日、まさにインタビューを行っている最中に意識すべきことと、インタビューを設計するときにできることに大別できます。後者については、『**1.2 質問と流れの設計**』(P.034) にて詳述していますのでそちらを参照してください。インタビューの目的にあわせて質問を設計しておくことの重要性、こちらの "聞きやすさ" だけではなく、インタビューに答えてくださる方の "**思い出しやすさや話しやすさ**" まで意識した流れをつくることの大切さ、質問の主従や優先度、時間配分などを一目見てわかるようにしたインタビューガイドを用意しておくことの意味などについて解説しています。そうした準備に万全を期すことで、当日、インタビューの舵取りをするときの肩の荷はずいぶんと軽くなります。

では、準備万端で当日を迎えたことを前提とし、インタビューをスタートした後の舵取りを中心に注意点を考えてみましょう。

Intro.
はじめに

Chap.
1
計画

Chap.
2
準備

Chap.
3
実施

Chap
4
考察

Appx

3.2.1 舵取りを楽にするのもラポール

　よいラポールができれば、場の雰囲気を壊すことを恐れたり、失言を気にしたりする必要が少なくなります。するとインタビューに答える相手も、調査を通じてこちらがなにを知りたいと思っているのか、どういう面を詳しく話してほしがっているのかなどを想像する余裕が出てきて、聞かれる前に先回りして話してくれるようになることすらあります。

自分：「コロナ禍を経て、お休みの日の過ごし方に変化はありましたか？」
相手：「一定期間、外出を自粛していたおかげで、<u>これはあまりよくないと思っているんですけど</u>、もう自粛しなくてもよいのに外出が減ってますね。出かける計画を立てるのが好きだったんですが、計画すらもしなくなってしまってます、最近」
自分：「なるほど。計画すらもしなくなって……」
相手：「そうなんですよね。<u>理由ははっきりとはわからないんですけど</u>……」

　「あまりよくないと思っているんですけど」と、自分の行動をネガティブに受け止めている気持ちを聞かれる前に添えてくれたり、「理由ははっきりとはわからないんですけど」と、理由を聞かれることを想定して、聞かれる前に言ってくれたりするようになることで、塵も積もれば山となりかなりの時間の節約になります。
　ただし、聞かれる前に「理由はわからない」と言って、考えることを拒否するようになってしまうのは好ましくありません。そう言われても「はい、そうですか」で終わらせず、つっこんで聞いてみるのを忘れないようにしましょう。

自分：「楽しかった外出の計画すらしなくなった……というのは、どうしてなんでしょうね？」
相手：「どうしてでしょうね……」
自分：「では視点を変えて、逆に新たに始めたことはありますか？」
相手：「あー、計画にあてていた時間を他の何に使っているのかって話ですよね。たしかに、代わりに何してるんだろう？」

自分：「何してるんですかね？」

相手：「まったく新しく始めたわけではないですが、しばらくやめていたゲームを、そういえば最近またやってますね。それが意外とおもしろくて、昔ひとりでやっていたゲームを奥さんと一緒にやってみたら違う面白味があるなーって」

自分：「なるほど、なるほど」

相手：「そうか、家から出なくても楽しめるものができちゃったってことですかねー」

　「理由はわからない」と言う相手に、一緒に考えてみましょうと寄り添い、違う視点で状況を見直してみることを促したことで、本人すらも気づいていなかった理由のひとつが見えてきました。次節『**3.3 語りを引き出す**』(P. 154) で取り上げる "深掘り" にも通じる巧みな舵取りです。

3.2.2 舵取りのためのインタビューガイド活用法

インタビューガイドは "チェックリスト" くらいの位置づけと心得よう

　インタビュー経験が浅く、不慣れなうちは、用意したインタビューガイドにきっちりと沿って進行していくのが抜け漏れを防ぐ確実な方法です。しかし実際にインタビューを始めてみると、ある話題が予想外に盛り上がってなかなか先へ進めなかったり、後の方で聞くつもりだった話題が急浮上してドギマギしたりすることがあります。自分なりに話の展開を予想し、相手が話しやすそうな順序で質問を並べておいたとしても、実際にはそう上手くはいきません。

　せっかく相手が楽しそうに語ろうとしているときには、強引に遮ったりせず、質問順序に融通を利かせるなどして、流れを断ち切らないようにしましょう。慣れないうちは、インタビューガイドを "台本" のように捉えがちですが、実際には聞き漏らしを防ぐための "**チェックリスト**" くらいの位置づけと考えるのが得策です。インタビューガイドを頭に叩き込んだうえで流れを俯瞰できていれば、「この流れでこっちの話を先に聞いてしまおう」とか、「さっき聞き逃したコレについて、ここで触れられそうだな」と、舵取りを工夫することができ

Intro.

はじめに

Chap.
1
計画

Chap.
2
準備

Chap.
3
実施

Chap.
4
考察

Appx.

ます。心掛けるべきは、**自分の聞きやすさではなく、相手の思い出しやすさと話しやすさ**です。

　事前に準備した質問をすべて聞き切ることがインタビューのゴールではありません。リサーチの参考になる情報を引き出し、気づきを得ることこそが目的のはずです。インタビューガイドに記された質問はあくまでも、相手に饒舌に語ってもらうためのきっかけづくりくらいに捉えましょう。

メモを取りながら話を聞こう

　メモに頼らず、話の流れに合わせて質問の順序を入れ替えるくらい朝飯前！と思うかもしれませんが、実際にはそう簡単ではありません。とある質問をきっかけにして、あんな話やこんな話にまで話題が広がったとします。

　予定していた質問を投げかける前に、答えが矢継ぎ早に、しかし順不同で語られていきます。すでに回答を得た質問をくり返して「ちゃんと聞いてるの？」と不信を買わないようにするために、聞き終わった質問の番号にはチェック（レ）をつけるなどのメモを取りましょう。

　あるいは、とある質問Aに対する答えの中に、別の質問Bに対する答えにも関連しそうな内容が含まれていたとしましょう。しかし、その二つの質問は近からず遠からず。いっぺんに話を聞いてしまうには躊躇されるくらいの関連性だとします。そんなときは、まず質問Aに対する話に注目して深掘りし、質問B

に関連する部分は、「あとでこの話に戻ってこよう」と心に刻みながらメモを取ります。そして質問Aの話が一段落したところで（あるいはもっと後の然るべきタイミングで）、メモを見ながら「先ほど、○○とおっしゃっていたんですが……」と質問Bの話題へと切り替えます。"○○" の部分には、できれば相手が言ったとおりの表現を使いたい。そのほうが思い出してもらいやすいからです。そのためにも、できるだけ聞いたとおりにメモを取っておくことが重要です。

　せっかく書き留めておいても、後になってそれに気づかなければ意味がありません。「この質問はスキップしよう」とか、「この質問は後にまわそう」とか、「あとで忘れずにこの質問をしよう」といった自分のための覚え書きを、ぱっと見ただけで把握できるように、自分なりのマーキングをつくったり、多色ボールペンを使い、内容に応じて色を変えるような工夫をしてみてください。

　メモは、柔軟な舵取りに欠かせない技ですが、ふり返りを効果的、効率的に行うためにも欠かせません。「この話は報告の価値がある」「この件はあとで他の人たちの話と照らし合わせてみたい」「これについては少し背景を調査する必要がある」といった形で、話を聞きながら思うことや気づくことがあるはずです。そうした内容は、後で思い出せる程度に省略してメモを取りつつ、四角で囲ったり、旗マークや★印をつけたりして、後で見返すべきところとしての符号をつけておくのが便利です。

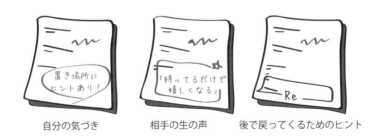

自分の気づき　　　　相手の生の声　　　後で戻ってくるためのヒント

　聞いた言葉をそっくりそのまま記録しておきたいと思う場合もあります。自分の解釈や考察と相手の生の声を切り分けて報告するためには、メモを取る時点で書き分けておくことが重要です。例えば、該当箇所はカギ括弧でくくっておくことにしたり、アンダーラインを引いておくようにしたりするなど、これ

Intro.

はじめに

Chap. 1 計画

Chap. 2 準備

Chap. 3 実施

Chap. 4 考察

Appx.

もまた自分なりの目印を決めておくとよいでしょう。書き留めきれない場合は、ボイスレコーダーの時間をメモしておくという奥の手を使います。

　慣れないうちは、話を聞きながらメモを取ることの難しさを実感することでしょう。しかし、会議や打合せなどでもメモを取りますよね？　話し合った内容や決まったこと、決められなかったことなどを各自がメモしながら会議に参加するのは社会人としてはごく普通のたしなみです。大事だと思う要点を、後から自分で見返したときにわかるようにメモを取るわけですから、インタビューと同じです。だれもが、自分なりのメモ術を駆使してメモを取れているはずです。インタビューの場合は舵取りのためのメモが加わる分、一段ハードルは高くなりますが、ベーススキルは皆さん持っているはずです。会議や打合せの機会を活用して普段から練習してください。

---

column

メモは紙に手書きでとるべきなのか……

　これまで、メモを書き込むための余白を十分に設けたインタビューガイドをプリントし、クリップボードなどにとめて手書きでメモをとることを前提に書いてきました。

　しかしタイピングの速い人なら、ノートパソコンで記録を取ったほうが、スピードもさることながら、レポートをまとめようというときにも転用できて効率的なのではないか？　と思われたかもしれません。しかし、キーボードを叩く音でメモを取っているかどうかの判別を容易にできてしまうため、終始メモを取り続けないと「今の話はメモしないのか……」と勘繰り、記録されるようなよい発言をしようと要らない気の回し方をするようになってしまうかもしれません。そうして歪んだデータは信憑性が下がってしまいます。

また、自分のための覚え書きとしてちょっとした記号やマークを書き留めたいときや、こちらの発言とあちらの発言に関連性がありそうだぞ！と気づいたときに両者をさっと線で結んでおくような融通が利くのは紙のほうです。ときには図やイラストを描いて相手と共有しながら話を進めていくこともあるでしょう。その場合も紙のほうが使い勝手はよいです。

　ノートパソコンを使った場合、ミスタッチなく記入できているかどうかを確認するために自分の目線をパソコン画面に向けがちになるのも短所です。相手の目を見て頷いたり、相手が自信ありげに語っているのかどうか様子を観察して確認したりといった作業が疎かになりかねません。クリップボードであれば、相手の顔との視線の行き来に苦労することは少ないでしょう。

　オンラインインタビューでは、この懸念が少なくなります。相手の顔が写ったウィンドウの横にインタビューガイドのウィンドウを並べて置き、メモをキーボード入力しながら対話します。視線をちょっと横へ動かすだけで相手の表情を確認できますから、観察ミスも最低限に抑えられそうです。省略すると決めた質問には取り消し線を引いたり、あとで忘れずに戻ってきたい問いは太字にしておいたりといった工夫も瞬時にできますから、手書きよりも取れるメモが増える利点があります。ただし、タイピングの音が大きなノイズになって相手の気を散らしてしまうという難点も抱えていますから、『**2.3.2 オンラインインタビューのための配信技術**』(P.095) で触れた対策を忘れずに講じましょう。

　手書きにこだわりつつもデジタルに記録を取りたいならば、iPadなどのペン入力タブレットを使う方法も悪くありません。手書きのストロークと録音を同期して記録できるような機能も進化してきていますので、効率も考慮するとこれが一番かもしれません。

時間を意識する癖をつけよう

　インタビューの時間はいつも限られています。そして、相手はいつも違います。相手が違えば、話の展開が違ってくるのも当然です。同じ質問をぶつけても、反応は十人十色。しかしどんな展開になろうとも、約束の時間までに締めくくらなければなりません。しっかりとラポールを築けていれば、多少は長引いても許してくれることでしょう。しかし、進行役を担うわたしたちの目標はいつも、約束の時間までにゴールすることです。

　基本的には、インタビューガイドに記されている時間配分を目安に進行しま

Intro.

はじめに

Chap.
1
計画

Chap.
2
準備

Chap.
3
実施

Chap.
4
考察

Appx.

す。しかし、時間がきたからといって、話をバッサリと遮って次の話題や質問へと移っていくような進行が好ましくないのはおわかりですよね。流れの管理が最優先。時間を意識できていなければ、話題の自然な流れも壊れてしまいます。

　まずは、**区切りのよいタイミングが来るごとに時間を確認する習慣**を身につけます。冒頭のイントロダクションとプロフィールの確認を終えたところで時間を確認し、次のセクションの質問をひととおり聞き終えたところでまた時間の確認。インタビューガイドに時間の目安を書いておけば、それと比べて、だいたい合っているようであればその調子、遅れているようであればスピードアップを心掛けるといった状況判断ができます。

　慣れてくると、「そろそろ30分くらいかな……」という時間感覚が身についてきます。そこで時計と進行状況を比べ、60分のインタビューであればちょうど半分くらいまで進んでいるかどうか、90分のインタビューであれば1/3程度まで来ているかどうかを確認して、その後のスピードや深掘りの度合いを調整していくことにしましょう。

　注意したいのは、**時間を気にしている様子を相手に見せないようにすること**です。自分が話をしている最中に、相手があまりにも頻繁に時計に目をやっていたら、「急いでいるのかな？」「自分の話がつまらないのかな？」などと考えて、つい話を手短に切り上げてしまいたくなりませんか？ インタビューで相手にそう思わせてしまうのは得策ではありません。それを防ぐためには、自分がもっともさりげなく時間をチェックできる手段を探り、準備しておくことです。腕時計をチラ見がよいでしょうか？ それとも部屋の壁掛け時計を使いますか？ だとしたら、さりげなく見える位置に掛かっているかどうかの確認が必要です。いちいち振り返らなければ見えない場所にある掛け時計では役に立ちません。

　オンラインインタビューの場合も同じです。自分の背後にある掛け時計は役に立たないどころか、自分の背景に写り込んで相手から丸見えになってしまいます。必要以上に時間を意識させることになりかねませんから、壁から外してしまいましょう。

　時間感覚を身につけるためのトレーニング方法は、メモ取りと同様に日ごろの会議や打合せを活用できます。アジェンダに沿って議論を進め、予定した時間で終えられるように、時間を気にしながら会議や打合せを進行したり、参加したりする機会を使って、定期的に時間をチェックする習慣を身につけましょう。

Intro.

はじめに

Chap.
1
計画

Chap.
2
準備

Chap.
3
実施

Chap.
4
考察

Appx.

3.2.3 誘導と舵取りの境い目

　限られた時間の中で聞きたいことを聞き切るには、効率よく時間を使わなければならず、そのためには、ある程度は的を絞って聞かなければなりません。でも、絞りすぎると 欲しい答えを "誘導" して引き出したことになりかねないのが難しいところです。

　健康管理にまつわる調査を例に考えてみましょう。

　まず食生活に関する行動や意識について焦点を絞ったインタビューをすることに決めたとします。それなのに、次のような聞き方をすれば、意図せぬ方向へ話題が流れてしまう恐れがあります。

自分：「ご自分の健康管理を意識して、日ごろから気をつけていることはありますか？」

相手：「たくさん睡眠を取ることと、定期的に運動することですね。特に運動は、5年前にジョギングを始めてから体調がすごくよくなったこともあって、週に3回は走るようにしています」

自分：「週に3回はスゴイですね……」

相手：「夏場は暑くて減りぎみですけど。代わりに、最近水泳もはじめました」
自分：「水泳も!?」
相手：「そうなんですよ。近所に無料で使えるプールがあることがわかって……」
自分：「運動するとお腹すきません？ 食生活はいかがですか？（よし、これで
　　　なんとか食事の話へ……）」
相手：「食事は奥さんに任せっきりなので、自分でコントロールしにくいので、
　　　自分で気をつけていることと言えば運動ですね。記録するためのアプ
　　　リとかも使ってるんで、それお見せしましょうか？」
自分：「そ、そうですね……では、少しだけ……（また運動の話に戻ってしまっ
　　　た……）」

という感じで、焦点を絞りたいときに広くオープンに聞きすぎると、相手が話しやすいこと、話したいことへと流れてしまいます。時間にゆとりがあるなら、健康管理というキーワードから相手がまずなにを思い浮かべるのかを探る意味も込めて「ご自分の健康管理を意識して、日ごろから気をつけていることはありますか？」と聞くのが王道ですが、食生活に話題を絞ると決めているときには、例えば次のように聞くのが安心です。

　「健康管理と聞いて思い浮かぶことはいろいろとあると思いますが、今日は
　その中でも特に食生活に的を絞ってお話をうかがっていきます」

　これで、相手の注意が食生活へ向き、食にまつわる記憶をたどろうとセットされます。
　逆に、広く話題を捉えてもらいたいときに的を絞った聞き方をすれば誘導です。食事に限定する意図がないのに次のように聞くのは好ましくありません。

　「健康管理と言えばまず食事だと思いますが、ご自身でなにか気をつけてい
　ることはありますか？」

　また、相手が答えやすいようにと気をつかうあまり、回答例を質問に混ぜてしまうのも誘導です。そこで挙げた中に思考が限定されてしまうからです。

「健康管理と言えば、<u>食事や運動や睡眠などいろいろ関係してくると思います</u>が、ご自身でなにか気をつけていることはありますか？」

　質問の意図が相手に伝われば、思い出したり、考えたり、語ったりしてもらいやすくなるのは確かです。ただし、同時に思考の幅を狭めることにもなります。こちらから回答例を示すのは、最後の手段にしましょう。

　ただし、同じ話のくり返しになるのを避けるという明確な意図を持って相手の思考の幅を狭めようとするのは誘導にあたりません。例えばインタビューの終盤、残り時間が少なくなってきたという状況で、それまでに出ていない話をなんとかもう少し引き出したいときです。

「食事と運動の話がずいぶんと出てきたのですが、別の視点でなにか気をつけていることや、気をつけたいと思っているけれどできずにいることなどはありますか？」

　これでも食事と運動の話にしか意識が向かなかったり、思い出して語れることがなかったりすれば、これ以上この話題に時間を割くのは無駄だと判断できます。

3.2.4 舵取りがうまくいかないときの対処法

質問をくり返して思い出してもらおう

　話をしている間に何について語っていたのかよくわからなくなることはありませんか？　「あれ？　何の話でしたっけ？」みたいな。質問を覚えていられないケースもあれば、楽しくおしゃべりするあまり注意の矛先が徐々にズレていって忘れてしまったというケースもあるでしょう。いずれにしても、ズレた話題を引っ張り戻すには、質問を思い出してもらわなければなりません。

　このとき、「質問、覚えてます？」みたいに相手の記憶力を疑ってかかるとラポールを壊しかねないので、聞いた自分も忘れてしまった感じで次のように声をかけてみてください。

Intro.
はじめに

Chap.
1
計画

Chap.
2
準備

Chap.
3
実施

Chap.
4
考察

Appx.

「あれ？ そもそもの質問なんでしたっけ？ たしか……○○についてうかがっていて、それで……」

という感じで言いながら、ガイドを見て質問を確認します。これでたいがいは、脱線していたかどうかがはっきりします。脱線していたのであれば軌道修正し、脱線していたわけではなく話が長くなってしまっていただけであれば話の内容を要約して確認したうえで話を先に進めることにしましょう。

質問や話題を見えるようにしよう

そもそもの質問を理解してもらうのに苦労する場合があります。そこで「質問、わかってます？」や「質問の意味わかりますか？」のような無礼な対応をすればラポールが崩れますから、わかりやすく質問できない自分の非を素直に認めて、次のように声をかけてみましょう。

「質問がわかりにくかったですね。ごめんなさい」

そのうえで、質問をていねいにゆっくり言い直したり、別の表現で聞き直したり、質問を分割したりしてみます。さらに、耳で聞いたことを頭の中で受け止めるだけでは理解が追いつかないようであれば、質問や回答の内容を紙に書いて相手にも見せてあげるとかなりの支援になります。

自分：「健康管理と聞いて、どんなこと、どんな言葉が思い浮かびますか？」
相手：「そうですね……、適度な運動とかですかね」
自分：「なるほど。他にはありますか？」
相手：「たくさん寝るようにしています」
自分：「睡眠ですね。なるほど。他にはどうでしょう？」
相手：「食生活もあるでしょうね。かみさん任せですけど……」
自分：「3つ出てきましたね。で、今日は、最後に出てきた、奥様任せとおっしゃった食生活についてのお話を中心にうかがっていきます。とりあえず運動や睡眠の話は脇に置きましょう」

こんな感じでやり取りしながら、出てきた言葉を書き出し、最後に"食生活"をぐるっと囲って強調し、これからこの話をするんだということをわかるようにします。

　途中で話がそれてきたら、この紙を指差して「食事の話に戻したいんですけど……」と声をかければ、うっかり違うことを考えていたことに気づき、頭の中をリセットしてもらいやすくなります。

ときには強引に舵を切ろう

　舵を切っても切っても別の方向へ流れていってしまう脱線気味の人の場合や、時間が押してきて少し強引にでも話題を変えて進行しないと時間内に終わらないぞというときには、思い切って舵を切らなければなりません。
　ただし、必ず次の前置きを添えてください。

「話は変わるんですけど……」

　この一言を添えず強引に話題を切り替えた場合、相手の頭の中では話題が切

Intro.

はじめに

Chap.
1
計画

Chap.
2
準備

Chap.
3
実施

Chap.
4
考察

Appx.

り替わりません。聞き手は、別の話題と思って聞いているのに、答える側は一連の話題の中で考え、答えを探すことになり、対話がかみ合わなくなります。

　また、あまり頻繁にこれをやると、相手は「質問にうまく答えられていないのではないだろうか？」と不安になります。うまく答えようとして必要以上に饒舌になったり、逆に、うまく答えられないのではないかという恐怖心から口が重くなったり、あまり望ましくない反応を引き起こしかねません。何度も話を変える場合には、例えば次のように言って、こちらの舵取りの問題であることをほのめかします。

「話がコロコロと変わってすみません。時間が押していて焦ってまして……」

　時間が押しているという事情を合わせて伝えることで、この後の受け答えが簡潔になったり、話が脇道に逸れるのを自制したりしてもらえることも期待できます。

　その期待に反して、引き続き話が逸れ気味だったり、話が長かったりする場合には、次のような作戦を試してみましょう。

　まず、発言権を完全に奪い、相手にはいったん黙ってもらいます。相手の言うことをバッチリ理解しましたという雰囲気で「なるほどー！　そういうことですか。そうかそうか、なるほどね」と強めに言って、この話はわかったのでこれで十分ですということを言外にほのめかします。そのうえで、「そういうことなら、○○についてもご経験をお持ちかもしれませんね。いかがですか？」とか、「そうなると、○○についてのお話もお聞きしたいのですがどうでしょう？」などと言って別の話題へ転回します。

　あるいは、「すごく興味深いお話でつい聞き入ってしまいましたが、○○についてもうかがわなくてはならなくて……」や「すごく楽しいお話でまだまだ聞いていたいんですけど、実はこんなに質問が残ってまして……」などと言いながらインタビューガイドをチラッと見せることや、「マズイ……、あと 30 分しかなくなってしまいました。少し急がないと終わらないので次の話に移りますね」と**残り時間を具体的に言う**のも効果的です。約束の時間に終わりたいのは相手も同じこと。そのためには好き勝手に話してばかりもいられないと気づいてもらえれば、脱線しそうになっても「おっといけない……」と自分で気づき、「で、質問なんでしたっけ？」と歩み寄ってきてくれるようになります。

"聞き役は一人"を徹底しよう

インタビューの聞き役を担う自分自身とインタビューに協力してくれる相手とが二人きりで対話できるのが理想です。余分な人間の同席はできるならば避けましょう。まるで圧迫面接かのように大勢で取り囲むのは望ましくありません。緊張のあまり言葉少なになってしまう恐れがあるからです。自分以外のメンバーには別室で記録をとったり、観察をしたりしてもらうのが望ましいですが、そのためには、別室からインタビューの様子を見聞きできる環境が必要になります。小規模で低予算なプロジェクトでは、そこまでまかなえないというのが現実かもしれません。

チームメンバーや依頼主の同席を避けられない場合には、まず人数を最小限におさえること。部屋の大きさにもよりますが、こちら側の人間は、**自分も含めて3人くらい**にするのが一つの目安です。また他のメンバーには、相手の視界に入りにくいところに腰掛けて、なるべく存在感を薄めてもらいます。相づちも控え目にしてもらいましょう。

同席者には、記録係やカメラ係といった役割を担ってもらうか、あるいは担っているように見せかけてもらうことも大切です。同席していながら熱心にメモを取るわけではなく、しかしところどころで大きく頷いたり、首を傾げたり、話に割り込んできたり、あるいは進行役に指示を出したり。そんな様子を

参加者が目にすれば、「この人がこの調査の依頼主なのかな？」と感づいてしまうかもしれません。そうすると、「どう言えばもっと頷いてもらえるだろう？」と考えて意見を選ぶようになったり、「首を傾げてる……、なんか変なことを言っちゃったかな？」と心配になって、その後は口が重くなったりしないとも限りません。純粋に自分の意見を言うよりも、聞く人を喜ばせることに意識が向いてしまう可能性があるからです。そうした事態を避けるために、同席する依頼主には "調査を担当しているスタッフの一人" という立ち位置を崩さないよう心掛けてもらいましょう。

　オンラインインタビューの場合は、観察者もリモート参加できるおかげで、観察者の人数制限をする必要がなくなるのは大きな利点ですが、ほとんどのオンライン会議サービスでは参加人数が丸見えで、その数が数十人にもなれば緊張を煽ることになる懸念があります。観察者が多くなる場合には、**Chapter 2** の『**見学者の存在を意識させない配慮**』(P. 096) で紹介した対策を講じることを検討しましょう。

　依頼主が同席することによる懸念はもう一つあります。予算をやり繰りして調査を実施するほどですから、インタビューへの熱の入れようは誰よりも真剣です。真剣なあまり、自分の中で閃いたことや気になったことを、そのときの

話題やインタビューの流れをあまり考えず、その場で直接質問してしまう人が出てくる可能性がある点です。

　気持ちはわかりますし、臨機応変な舵取りを許す半構造化インタビューですから致命傷にはなりません。しかし、聞くタイミングや聞き方を間違えたくないというのが舵取りを担う船頭の本音です。話が脇道に逸れてインタビューの流れが変わってしまえば、本流へ戻すのに時間を要してしまいます。もし、自分の意見や思いを押し付けるような聞き方になってしまったら、結局、本当の意見を聞けないままに終わるばかりか、ラポールを崩す危険すらあります。

　追加の質問があるときは付箋などに書いて渡してもらったり、あるいはセッションの最後にこちらから「何か聞き漏らしたことはありませんか？」と、記録係（を担っていることになっている依頼主）に対して確認をする時間を設けることにします。別室で観察してもらっている場合には、トランシーバーアプリなどで耳打ちしてもらったり（イヤホンは相手から見えにくい側の耳に装着し、受話だけができる状態にしておきます）、時計代わりにみせかけたスマートフォンにテキストメッセージを送ってもらったりといった作戦が考えられます。オンラインインタビューの場合は、参加者を除いたコミュニケーション用にチャットルームを設けることになりますが、モデレーターがそこでの会話にまで意識を向けながらインタビューを行うのは簡単なことではありません。気づかずにスルーしてしまうことにならないよう、事前に練習の機会を設けたり、気づきやすくする工夫を取り決めたりして対策とします。

Intro.

はじめに

Chap.
1
計画

Chap.
2
準備

Chap.
3
実施

Chap.
4
考察

Appx.

3.3 語りを引き出す

　限られた時間の中でできる限りの深掘りをするために、問いかける側が注意すべき点を考えていきます。

　質問の内容を容易に理解できるようわかりやすく問いかけることや、相手が話の道筋を見失うことのないよう上手に問いを繋げていくこと、同時に普段はさほど考えずに済ませていることをあえてじっくりと考えてもらえるようしつこいくらいに問い続けること、そして価値ある話を聞かせてもらっていることを相手に伝え、相手が気持ちよく話し続けられるように合いの手を入れることなど、できることはたくさんありますし、それらを駆使した対話からハッと驚くような気づきを得ることこそがインタビューの目指すところです。さもなければ、「アンケートで十分でしたね……」という表面的で得るものの少ない会話に終わってしまいます。そうならないようにするために必要となる技の数々を詳しく見ていきましょう。

3.3.1 質問の基本

率直で端的に問いかけよう

　質問の意味がわからなかったら、そもそも答えようがありませんよね？ まず何よりも、**端的で明瞭な問い**を用意することです。わかりやすい問いかけの基本は、短く済ませること。

　「このカメラ、少し前の機種ですよね？　いつ、どこで買ったものか覚えていたら教えていただきたいんですけど……」

　"少し前の機種"であることを自分が知っていると知識をひけらかす必要はどこにもありません。単なる前置きに過ぎない一文が"問い"の様相を呈して

いるため、答えるほうはつい「そうですね、結構古いですね〜」なんて答えてしまうかもしれません。時間に余裕があるときはそれでも構いませんが、インタビューの現場では、こういったやり取りがじわじわと効いてきます。

　"覚えていたら教えて"のくだりも、覚えているかどうかによって答えが変わってくるわけですから、前置きする必要はありません。

　「このカメラ、いつ、どこで買いました？」

と、端的に聞いてしまえば、答えるべきことは"いつ"と"どこで"の二つであることがすんなり伝わって、相手も答えやすいはずです。
　質問の意図が機種名を確認することにあるのだとしたら、

　「機種名を教えてください」

と、次の率直で短い質問に移ります。
　問いを短くするということは、問いを分割することとも言えそうです。例えば、次のような問いをまとめて投げかけたとしましょう。

　「このカメラ、いつ、どこで買った、何と言う機種ですか？　買うときに、どうしてこの機種に決めたのか、決め手を３つ教えてください。あと、誰か他の人、お友達や家族、店員さんなんかの意見が影響したかどうかも教えてください」

　おそらく、答えが出揃う前に「あと、何でしたっけ？」と、質問の内容を確認する問いを逆に受け取ることになるでしょう。問いがだらだらと長くなり、回答を求められる項目が多くなると、答える人間には"質問内容を覚えておく"という負荷がかかることになります。刻める問いはなるべく刻んで、答える人の負担を少なくしましょう。

余計な前置きは省こう

　つくり手の意図や願望に染まっていない、企業や社会の狙いや思惑を知らない、そんな方々に素の意見を聞くことがインタビューの目的です。にもかかわ

Intro.

はじめに

Chap.
1
計画

Chap.
2
準備

Chap.
3
実施

Chap.
4
考察

Appx.

らず、相手の意見や考えを誘導したり、歪めてしまったりする可能性のある問い方は望ましくありません。

　例えば、「世間では○○のように考えられがちなんですが……」「他の方には○○という風に言われたんですが……」といった前置きのうえで、「あなたはどう思いますか？」と聞いたとしましょう。世間ではこう考えられている、こう考えるのが多数派だ、というのを先に聞かされてしまっては、それに反する意見を言いにくくなってしまいませんか？　世間に合わせた回答をしておくのが無難と考えて、「僕もそう思います」と反応してしまう人が多くなってもなんら不思議はありません。

　あるいは、「ご存知だと思いますが……」のような前置きはどうでしょう？　知っていることが前提になっているように聞こえませんか？　そう受けとめられてしまった場合、知らないのは恥ずかしいことかもしれないので知っていることにしようと考え、答えを意図的に変えてしまう人が出てこないとは限りません。

　このとおり、深い意味もなく添えたつもりの一言が相手に余計な情報をインプットすることになってしまい、得られるデータを歪めてしまう危険性があることを肝に銘じ、余計な前置きはキレイサッパリ省きましょう。それが率直で端的な問いにも繋がっていきます。

クローズドクエスチョンとオープンクエスチョンを使い分けよう

　クローズドクエスチョンとは、"はい"か"いいえ"の二択や、"A"か"B"か"C"（もっと選択肢が多い場合もあるかもしれません）から選ぶだけで答えが完了する問いの形を言います。一方の**オープンクエスチョン**は、自由な回答を促す問いかけです。相手に自分の言葉で答えてもらうことを意図しています。

> クローズドクエスチョンの例：「このカメラは最近買ったものですか？」
> オープンクエスチョンの例：「このカメラはいつ買ったものですか？」

　「最近買ったものですか？」と問われて、「はい、先月買いました」とこちらの聞きたい"いつ"の部分までまとめて答えてくれる可能性はあります。しかし単に「はい」で終わってしまったら、「最近っていつ頃ですか？」と追加の質問をしなければ欲しい答えを得られません。ならば最初から「いつ買ったので

すか？」とオープンクエスチョンで聞くほうが話は早いです。

　オープンクエスチョンのよいところは、相手がどんな言葉や表現を選んで答えるのかを確認できることや、回答に応じて、そこから先にどんどん話を展開していけるところにあります。

クローズドクエスチョンの例：「このカメラ、使いやすいですか？」
オープンクエスチョンの例：「このカメラ、使っていていかがですか？」

　「このカメラ、使いやすいですか？」と聞いて「はい」で終わってしまうよりも、「このカメラ、使っていていかがですか？」とオープンクエスチョンで聞いたほうが話は広がります。何より、クローズな問いでは使いやすいかどうかにしか話がいきませんが、オープンな問いを使えば、使っていて感じることについて幅広い答えが期待できます。「思っていたより重くて……」と答える人がいれば、その人にとってカメラの重量が何よりもの懸念だということがわかりますし、「買うときは気にしなかったんだけど、接写がいまいち……」と答える人には、どういうところがいまいちなのか、どうして接写にこだわるのかなどよりつっこんだ話を聞けそうです。「実は結局スマホで撮ってばっかりで……」と答える人もいるかもしれません。とすれば、どうしてそういうことになったのか、あるいはカメラを買う前はどう使い分けるつもりだったのかといったところに話を展開させられそうです。

　『3.2.3 誘導と舵取りの境い目』（P. 145）にあるとおり、**話題を意図的に絞り込みたいときにはクローズドクエスチョンから始める作戦**もありです。オープンクエスチョンは思考の切り口を相手に委ねるものなので、時間の限られたインタビューでは危険も大きいです。調査のねらいから遠く離れたところにスタート地点を置かれてしまうと、聞きたい話にたどり着くまでに時間がかかり過ぎてしまうからです。また相手からすると、何を聞きたいのかはっきりしないオープンクエスチョンをぶつけられると、どう答えるべきか不安になりますし、どう答えるか試されているような感覚にもなり得ます。例えばカメラの使い勝手に的を絞るために、まず「このカメラ、使いやすいですか？」とクローズドで聞き、「思っていたよりも使いにくくて後悔しています」なんて答えが返ってきたら、どこが"使いにくい"という評価に繋がっているのか、カメラの形状なのか、シャッターボタンやズームボタンなどの操作部分なのか、撮ると

Intro.
はじめに

Chap.
1
計画

Chap.
2
準備

Chap.
3
実施

Chap.
4
考察

Appx.

きの話なのか持ち運びのときの話なのか、「どんなところが使いにくいんですか?」といったオープンクエスチョンを使って、使いにくいカメラに対する不満を具体的に話してもらいましょう。「使いやすいかどうかですか? あんまり意識したことがないですけど、特に不満を感じていないのでぼちぼち使いやすいってことじゃないですか」なんて返事だった場合は、「では、普段どのように使っているのかを詳しく思い出してみてください」と返して利用状況を具体的に聞き出しながら、使い勝手に関わる部分に焦点をあてていくような展開が考えられます。

つまり、いつでもどんなときでもオープンクエスチョンから始めなければならないということではなく、**調査の目的や話題のスコープを意識しながら、オープンとクローズドを使い分けていくこと**こそが大切です。

クローズドクエスチョン　　　　　　　　オープンクエスチョン

「遠慮なく否定してください」と前置きしてから確認のクローズドクエスチョンをぶつける

相手の発言を正しく理解しているかどうかを確認してから、逸れた話を本筋へ戻したり、次の話題へ進んだりしたいというときには**クローズドクエスチョン**を使います。

「今のお話は、○○ということですか?」

ただし、注意が必要です。相手にとっては同意するのがいちばん簡単ですから、だいたい合っているというレベルで「そうですね」と同意して済ませることになりがちです。あるいは、本当は違うことを言っていたにもかかわらず、流れで思わず同意してしまう場合もあるかもしれません。「もう一度説明するのがメンドクサイ」とか、「そういう意味で受け取ってもらったほうがカッコイイ」なんて気持ちが働くと厄介です。

　人によっては、「いや、そういう意味ではなくて……」とこちらの理解が間違っていることを指摘したうえで、説明を繰り返してくれたり、「そうとも言えるんですが、わたしが言いたかったのはカクカクシカジカでして……」と自分が本当に伝えたかったことが伝わるまで粘り強く話してくれたりする場合もあります。そうした真摯な対応を促すためには、次のような前置きが効果的です。

　<u>「違ったら遠慮なく言っていただきたいんですけど、つまり○○○ということですか？」</u>

　この前置きひとつで、続くクローズドクエスチョンが、自分の理解を確認するために挟まれたものであることがわかり、「ちょっと違う」を言いやすくなります。

　もうひとつ、質問の語尾にも注意しましょう。「つまり○○○ということだと考えて間違いないですか？」の代わりに、次のように聞かれたらどう感じるでしょう？

　「違ったら遠慮なく言っていただきたいんですけど、つまり○○○ということですね？」

　こちらの理解が正しければ、語尾の違いはさして問題なく、「そうです」と肯定的な答えが返ってきて終わりになります。しかし、もしこちらの解釈が間違っていたり、少しずれていたりした場合に「～ですね？」と聞かれると、同意することが求められているように聞こえてしまいます。言葉尻ひとつに確証バイアスが現れる可能性を意識して、表現を選びましょう。

Intro.

はじめに

Chap.
1
計画

Chap.
2
準備

Chap.
3
実施

Chap.
4
考察

Appx.

うっかりクローズドクエスチョンをしてしまったら、すかさずフォローしよう

　選択肢を示して選んでもらうだけのクローズドクエスチョンは、相手にとっては答えやすいものの、下手をすれば答えを誘導することになるため注意が必要です。確証バイアスという強力な認知特性が働く可能性を常に念頭に置いておかなければ失敗します。

　例えば趣味の話を聞いているとしましょう。読書やピアノなど一人でできることが好きだという話が続いたとします。その流れで次のような対話になりました。

相手：「趣味に入れてよいのかどうかわからないですけど、Netflix でドラマの
　　　イッキ見をするのが好きです」
自分：「ガッツリ一人でイッキ見するんですか？」
相手：「は、はい…… （友だちと集まって見るのも好きだけど、ま、一人のこと
　　　のほうが多いからよいか……）」

　「ガッツリ一人でイッキ見するんですか？」というクローズドクエスチョンは、「一人で楽しむ趣味を大切にする人」という仮説を持ち、**確証バイアスに引っ張られて出てきたよくない質問**です。ほぼほぼ決めつけられた質問に対して、相手は内心で否定しつつも、反論するほどのことではないと判断して、「はい」と同意してしまいました。

　こうしてつい出てしまったクローズドクエスチョンに、まず気づけるようにならなければなりません。相手の答えが「はい」や「そうですね」と同意するものであったときには、「もしや今、クローズドクエスチョンをしたのではなかろうか？」と立ち止まる習慣を持ちましょう。

　それができるようになったら、次はフォローの付け足しです。

自分：「ガッツリ一人でイッキ見するんですか？」
相手：「は、はい…… （友だちと集まって見るのも好きだけど、ま、一人のこと
　　　のほうが多いからよいか……）」
自分：「(あ！ 決めつけのクローズドクエスチョンを使ってしまった……) いつ

　　　　も一人ですか？ それとも誰かと一緒にイッキ見するようなこともあ
　　　　ります？」

相手：「あります、あります。前は友だちと集まってイッキ見してたんですけど、
　　　　コロナで自粛とかになってからは、時間を決めて見始めたりしてます」

自分：「どうやってやるんですか？」

相手：「今晩９時スタートね！ みたいに決めて、直前にLINEでチャットも始め
　　　　ます。途中で"ちょっとトイレ行くから止めてー"とかいうこともあり
　　　　ますよ（笑)」

　「イッキ見するときの様子を教えてください」のように、最初からオープンク
エスチョンをぶつけられるようになるのが一番ですが、「いかん！ クローズド
で聞いてしまった」と気づいたら、すかさず選択肢を追加します。さらに、自
分がその場で思いつく選択肢の他にも考えられる答えがあることをほのめかす
ことができれば上々です。例えば先の例であれば、

　「(あ！ 決めつけのクローズドクエスチョンを使ってしまった……)いつも一
人ですか？ それとも誰かと一緒にイッキ見するようなこともあります？ イッ
キ見をするときの様子を具体的に教えてください」

のように、問いの最後でオープンクエスチョンにすり替える手があります。ク
ローズドクエスチョンは、選べば回答が完了する問いの形ですから、その選択
肢を拡張すればオープンクエスチョンに近づいていきます。ダラダラと質問が
長くなるので、「率直で端的に問いかけよう」という基本原則には反することに
なりますが、これはあくまでも失敗を取り戻すための作戦です。最初からオー
プンで聞けるようになるための通過点と考えてください。

"間" を恐れずに活用しよう

　慣れないうちは、ちょっとした"間"が怖くて、矢継ぎ早に質問を投げてし
まったり、相手がまだ話そうとしているのに気づかず、次の質問に移ってし
まったりしがちです。問いかけに対する答えを考えているからこその"間"か
もしれません。この話も付け足そうかどうしようかと迷っているからこその

Intro.

はじめに

Chap.
1
計画

Chap.
2
準備

Chap.
3
実施

Chap.
4
考察

Appx.

“間” かもしれません。それを判断するためのヒントは、相手の目や視線に現れます。“間” は誰にとってもちょっと居心地の悪いものですから、自分は話し終えたと思ったのに、聞き手が何も言ってこなければ、「次の質問どうぞ」とばかりにこちらの様子をうかがったり、目を覗き込んだりしてきます。もしそれが考えているからこその “間” であれば、両者の目が合うようなことはありません。

その “間” があまりにも長く、相手の口がなかなか動き出さないときには、助け船を出しましょう。逸れた話を引き戻したいときと同様に質問を繰り返すだけでも効果があります。頭の中で考えていた答えが、問いに合っているかどうかを確認しながらリピートを聞いてもらえるからです。

自分：「質問、わかりにくかったですか？ 上手に質問できなくてすみません。」
相手：「はい、すみませんがもう一度、お願いします。」
自分：「(質問リピート)」
相手：「あー、そういう意味か。だったら○○」

それでも答えにくそうにしている場合は、こちらから “回答例” を紹介します。しかしこのときには必ず出し惜しみをすること。インタビューの目的は、自分の言葉で思いや考えを述べてもらうことです。こちらの頭の中にある回答例を並べて、その中から選んでもらうというクローズドクエスチョンに変換するのはできる限り避けなければなりません。ですから、呼び水として提示する回答例はまず一つです。

「例えば、○○といった考え方もあるかもしれませんし、あるいは……」

ここで “間” を逆手に利用します。「あるいは……」の後は、いかにも他の回答例を考えているフリをしながら、意図的に “間” を取って、相手が口を開けるのを待ってみましょう。たいていは、一つ目の回答例を聞いたことで、質問の内容をより具体的に理解し、自分なりの回答を始めてくれます。もし、それでもダメだったら、二つ目の回答例を放ってみるか、質問を変えることです。

逆に、聞き手である自分のほうが “間” をつくってしまっている場合もあります。すごく大事な話だからしっかりメモを取っておきたいとか、相手の言っ

たことをすんなり理解できずに考え込んでしまったりするときに"間"が生まれてしまうことはあるはずです。

　しかし、"間"が嫌なのは相手も同じです。聞かれたことに答えたつもりなのに、聞き手からなんの反応も返ってこない、あるいは難しい顔をして考え込んでしまったなんていう状況は居心地が悪いに違いありません。

　メモを取るのに少し時間がかかりそうなら、

　「ちょっと待ってくださいね。大事なことをおっしゃってくださったので忘れないようにメモしてますので……」

と言ってあげてください。

　聞いた話をしっかり理解するために少し時間がほしいとか、あるいはその後の展開をどうしようかと悩んでいるときにも、同じように言いながらメモを取るふりをしつつ考える手もありますし、

　「頭の中を整理したいので、ちょっとだけ待ってください」

と直接的に言ってから、考えてもよいでしょう。あるいは、「どうですかね？あの〜」とか、「ちょっとうかがいたいんですけど……」とか、「どうでしょう、○○の件ですが……」などとかなり大雑把な前ふりを、しかもかなりゆったりとした口調で言って時間稼ぎをしながら次の問いや問い方を頭の中で組み立てることもあります。

Intro.

はじめに

Chap.
1
計画

Chap.
2
準備

Chap.
3
実施

Chap.
4
考察

Appx.

こうした「今から何か聞きます！」という合図を出すことには二つの利点があります。

- 相手に心構えを促せる
- 相手が違う話を始めるのを防げる

これから何か質問が飛び出すということがわかれば、人間の普通の心理として相手は一生懸命に聞こうとしてくれます。聞き逃さないように、聞き間違えないようにと聞く準備をすることになります。その場で急いで組み立てる問いですから、わかりにくい仕上がりになってしまう場合もあります。しかし、相手が聞き逃すまいと耳をそばだて理解しようと努めてくれるおかげで、問いの不十分さが補われる場面もしばしばです。

また、なんの合図も出さずにいると、相手が気をつかって、あるいは"間"を嫌って、何か別の話を始めてしまうかもしれません。そうすると、この展開だからこそ聞いて意味のある質問を聞きそびれてしまう危険性が出てきます。合図を出しておけば、多少沈黙が続いても質問を待っていればいいと思ってもらえるでしょう。

3.3.2 深掘りの基本

相手が使った言葉を拾い、問いかける

自分の言葉で自分の思いを語ってもらうためには前節に書いたとおりオープンクエスチョンでの問いかけが中心になります。そうすれば、回答に応じて、そこから先へどんどんと話をつないでいけるという利点があるからです。その繋がりがわかりやすければ、答える側も考えやすく、答えやすくなることでしょう。

相手からの応答の中にある言葉や表現の中で、気になるところや鍵を握るものを拾い、それをそのまま次の問いかけの中に埋め込むことができれば、繋がりは明白です。

例えば、在宅ワークに関するインタビューを行っているとしましょう。何度か登場した「休憩」という言葉を皮切りに、どんなふうに休憩時間を過ごしたいと考えているかを深掘りします。

自分：「先ほどから何度か出てきている “休憩” なんですけど、休憩って○○さんにとってどういう時間ですか？」

相手：「休憩は、<u>休む時間</u>……ですよね」

自分：「<u>休む時間</u>というとどういう状態のことですか？」

相手：「仕事の合間の休憩なので、自分の仕事は肉体労働ではなく頭脳労働の部類だと思いますから、<u>身体より頭を休ませる時間</u>って感じです」

自分：「先ほど、休憩時間には断捨離をしているとおっしゃっていたのですが、そのとき<u>頭は休んでいる</u>んですか？」

相手：「厳密に言うと休んではいないですね。でも仕事のときとは違う使い方をしているというか、なんだろう、頭は使っているけど、<u>仕事のことは忘れられている</u>というか……、うまく言えないんですけど……」

自分：「<u>仕事以外のことを考えている時間</u>が休憩時間ということですか？」

相手：「まー、そんな感じですね。家で仕事をしていると仕事のことばっかりになっちゃうので、仕事以外のことを考えれば多少は休憩になると思います」

　前半、「休憩」「休む時間」「休憩時間には断捨離をしている」「頭は休んでいる」といった相手の選んだ言葉の意味を確認する質問を連ねることでよい具合に深掘りが進んでいます。

　しかし、相手が「仕事のことは忘れられている（時間）」と表現したところを、「仕事以外のことを考えている時間」と言い換えている部分は少しやり過ぎかもしれません。相手の「うまく言えないんですけど……」という発言から言語化に苦労している様子をくみ取り、つい救いの手を差し伸べたくなってしまったときにありがちな失敗です。

　このように、相手が使った言い回しを下手に言い換えたり、要約が過ぎたりすれば、自分の考えを押し付けて同意させるための誘導となりますから注意しましょう。

具体例を聞き出す

　抽象的な話や大枠の話に終始して、なかなか具体的で詳細な話をしてくれない方の場合には、「例えば？」や「具体的には？」といった問いかけを使って、

Intro.

は
じ
め
に

Chap.
1

計
画

Chap.
2

準
備

Chap.
3

実
施

Chap.
4

考
察

Appx.

少しずつ話の粒度を細かくしていきます。例えば、これまでの旅行経験に関するインタビューを行っているとしましょう。相手は熟年のご夫婦です。

自分：「これまで、お二人でどんなところをご旅行されてきたんですか？」
（夫）：「ヨーロッパばっかりだな」
自分：「ヨーロッパの例えば……」
（夫）：「今年の夏はオランダとベルギーに行きました」
（妻）：「その前は、イタリアだったわね」
自分：「西ヨーロッパの国で他に行ったことがあるのは？」
（夫）：「スイス、オーストリア、スペイン、ポルトガル、イギリス、フランス、ドイツ……これで全部かな？」
自分：「逆にまだ行ったことのない国はどこですか？」
（夫）：「行ってないのは、アイスランド」
自分：「他には？」
（妻）：「ルクセンブルク。あと北欧はデンマークに行きそびれています」
自分：「ということは、ノルウェー、フィンランド、スウェーデンにはもう……？」
（妻）：「あ、フィンランドはまだでした」
（夫）：「来年行きます。フィンランドとバルト三国を回ってみようかと思っていて……」

　旅慣れたお二人から、すでに訪れたことのある国をすべて聞きだそうとしています。「例えばどこに行ったのか？」と聞くと、最初は最近の話しかしてくれませんでした。一つ二つ例を挙げれば十分と思い込んで、話を終えてしまう方は大勢います。最初から「全部教えてください」と聞いてしまう手もありますが、思い出すことの負荷を考えると、少しずつ聞き出してあげるのが親切です。いくつか例が挙がったら、「他には？」と問いかけてみたり、例のように「逆に行っていない国を具体的に教えてください」と、違う角度からの問いに切り替えて、記憶を探ることを促すと効果が期待できます。

理由をしつこく聞く

　トヨタ生産方式の父である大野耐一氏は、著書『トヨタ生産方式 —— 脱規模の経営をめざして』の中で、技術的に見える問題の根底に潜む人的問題を突き止めるための手法として "5回のなぜ" を提唱しました。機械が止まった真の原因を突き止めるために、「なぜ？」と問い続けます。

　インタビューにも、この手法を借用しましょう。自分の思いや嗜好には必ず理由があるはずですが、普段はあまり意識していないため、いざ聞かれてもすんなりとそれを説明できる人は多くありません。好き嫌いの裏にある深層心理を紐解くために、「なぜ？」「どうして？」と理由を聞き続けるのです。インタビューでは 5回という数字にこだわる必要はありません。鍵を握る問いであれば、その数が 10回に及んだとしてもおかしくないですし、わずか 2回でスッキリ聞き出せることもあります。コンタクト洗浄液のボトルデザインに関するインタビューを例に考えてみます。

相手：「このデザインは、ちょっと嫌だな……」
自分：「どうしてですか？」
相手：「なんか、無駄にデカイ」
自分：「（笑）……デカイとなにか困ることあります？」
相手：「大きすぎて洗面所の棚に入らないような気がするので」
自分：「洗面所の棚に入らないと嫌ですか？」
相手：「そうですね、片付けたいときに片付けられないのは嫌です」
自分：「"片付けたいとき" ということは、毎回片付ける……わけではない？」
相手：「だいたいいつもリビングに出しっぱなしです……」
自分：「出しっぱなしにする理由、なにかあります？」
相手：「毎日朝晩の 2回必ず使うので、出したり片付けたりするの面倒です」
自分：「ですよね。じゃ、ほぼ出しっぱなし前提で考えたら、このデザインでもよさそうですか？」
相手：「いや、やっぱり嫌です」
自分：「どうしてでしょう？」
相手：「この見た目！ このオシャレにはほど遠いデザインの無駄にデカイのがずっとリビングにあるのが嫌です」

自分：「オシャレにはほど遠い……ですか？（笑）」

　"ちょっと嫌" の理由を、最初は "大きさ" と答えていましたが、"大きさ" がどうして "嫌" の理由になるのかを少しずつ聞いていくうちに、実は "見た目" がそもそも気に入らないという話が出てきました。ここから先は、相手の目にオシャレと映るデザインがどんなものなのかをさらに聞いていくことになるでしょう。

　子どもの頃、好奇心に任せて母親に「どうして？」「なんで？」としつこく質問を繰り返して、いい加減に疲れた母親から「どうしても！」とか、「なんでも！」と質問打ち切り宣告をされたことはありませんか？ あの要領です！ もちろん、子どもと同じように機械的に「どうして？」を繰り返すばかりでは相手の不興を買って、ラポールが危うくなります。「どうしてなんですかね？」「理由を考えてみたことありますか？」「そもそもどういう経緯でそうなったんでしょう？」などと聞き方をアレンジし、様子をうかがいながら掘っていきます。すると、普段自分一人では考えないところまで深く考えることになって、相手も徐々に楽しさを覚えてくるはずです。「○○だから……って言ったら、どうして？って聞かれるんですよね、どうせ。で、どうしてかと言うと〜」といった具合に、自分で理由を考え始める人が出てきたら、上手に聞けている証拠です。

　ちなみに、しっかりとラポールを築けていない状態でこれをやると、うんざりされてしまいますので注意しましょう。普段は意識していないことをしつこく聞かれると適当なところで終わらせてしまいたくなるものです。そんなストレスを感じさせない聞き方を聞き手は心掛けなければなりません。

自信なさげな言葉尻を拾う

　自分の発言に自信や確信があるときには、迷いのないはっきりとした口調になり、言葉尻が濁ることもありません。逆に言うと、自信がないときには、口調がおぼつかなくなったり、語尾が間延びしたり、明言を避けたりするようになるものです。

　例えば、ある製品を使い始めてからの期間を確認するための問いをしたとしましょう。

自分 ：「その製品は、使い始めてからどのくらいになりますか？」
Aさん：「もう一年半になります」
自分 ：「ずいぶんはっきりと覚えていらっしゃるんですね？」
Aさん：「最初にもらったお給料で真っ先に買ったものだったんです」

　さして迷わずに答えられたAさんは、その製品を購入したときのことをはっきりと覚えているようです。一方のBさんはどうでしょう？

自分 ：「その製品は、使い始めてからどのくらいになりますか？」
Bさん：「そうですね……、あの頃には使っていたから……、一年以上……」
自分 ：「あの頃っていうのは？」
Bさん：「前回帰省したときは持っていたので、それ以前なのは確かです……」
自分 ：「前回のその帰省はいつだったんですか？」
Bさん：「去年のまだ暑い時期だったから９月かな……、お盆に帰れなくて……、そうだ、10月になってから遅い夏休みをとったんだった」
自分 ：「帰省の直前に買われたんですか？」
Bさん：「いや、もう少し前……、夏のボーナスまで待てなくて……。梅雨入りする頃だったと思うので６月の上旬ですかね。ってことは……、使い始めて一年半くらい？」

　自信なさげな言葉尻をあえて "……" と書いてあります。言葉尻が曖昧になる場合、話者の目線は上を向き、頭の中で情報や考えを整理しながら、なんとか答えにたどり着こうと頑張ってくれている様子が観られるはずです。そうした様子がうかがえた場合、深掘りしたいがために矢継ぎ早に質問をかぶせるのは避けましょう。相手に考えるための時間と焦って答える必要はないという気持ちの余裕を十分に提供したうえで、ゆったりと問いを重ね、言葉尻から発言に対する自信の有無を推し量ります。
　相手の発言に曖昧さが見られなくなるまで辛抱づよく質問を重ねていきましょう。

Intro.
はじめに

Chap.
1
計画

Chap.
2
準備

Chap.
3
実施

Chap.
4
考察

Appx.

質問には質問で返す

　インタビューの途中で思いがけず、こちらが質問を受けてしまうことがあります。そんなときには、うっかりあっさり答えてしまうよりも深掘りのチャンスと捉えましょう。例えば、とあるインターフェイスの言葉づかいが適切かどうかを調べるためのインタビューをしているとします。そして次のような質問が飛んできました。

相手：「画面のここにあるこのボタンは〇〇という意味ですか？」

　これに対する適切な反応は「はい」でも「いいえ」でもありません。「どうしてそう思われるんですか？」と質問で返すのが正解です。ただし、欲を言えばもっと理想的な返し方があります。

　この一つの問いから確認できることがいくつか考えられますので、その一つ一つを順にクリアしながら対話を続けてみましょう。まず“このボタン”というのがどの部分を指しているのかを、実際に指差してもらうなどして確認します。そうしなければ、相手の言う“〇〇”をこちらが理解できてしまったことを暗に示すことになり、問いそのものに対する答えが「はい」であることを仄めかしてしまうからです。

　またそのインターフェイスを“ボタン”として認識した理由についても聞くことができそうです。ボタンに見えるようにしっかりとデザインできているかどうかを確認するチャンスです。

　さらに、どうして“〇〇”という意味だと思ったのかを聞き、そこに使われているアイコンや言葉が適切かどうかを確認します。インタビューの狙いはまさにそこですから、ここまでで問いを終えてしまっても問題ありません。しかしもう一歩踏み込んで、なぜそのような疑問を持ったのかについて逆に質問をしてみましょう。意味を確認しようとしたということは、それについて100%の自信を持てなかったということの裏付けでもあります。なぜ100%の自信を持てなかったのか、どんな言葉を使えばその迷いを払拭して、誰もが容易に理解できる表現になるかを探る好機です。では、どんなやり取りになるかを見てみましょう。

相手：「このボタンは〇〇という意味ですか？」

自分：「このボタンというのは、どこの部分のことですか？　指差して教えて
　　　　ください」

相手：「（指差しながら）ここです」

自分：「それがボタンだとどうして思われたんですか？」

相手：「それっぽい見た目をしていたので……」

自分：「それっぽい見た目というのは？」

相手：「箱になっていて、少し浮き出たように見えて、押せそうな感じです」

自分：「なるほど。で、それが〇〇という意味だと思ったのはどうしてですか？」

相手：「そう書いてあったからです」

自分：「そう書いてあります？」

相手：「そのままズバリは書いていませんけど、△△と書いてあるので、つまり
　　　　〇〇ということかなと思ったんですけど……」

自分：「自信、あります？」

相手：「うーん、そう言われると確信はないですけど、他に考えようがないので、
　　　　そうだと思います」

自分：「例えば、どう書いてあったら確信を持てそうですか？」

相手：「そのものズバリ、〇〇と書いてあったほうがわかりやすいと思います」

　相手が使った言葉を拾い、問いかけること、具体例や理由を聞くこと、自信
なさげな言葉尻を拾うこと、ちょうどよいことに問いを繋げていく方法として
紹介してきたものを網羅するやり取りになりました。本番ではこのように、相
手の反応を見ながらさまざまな方略を織り交ぜて、問いを紡いでいくことにな
ります。慣れないうちは「このインタビューでは特にこの方略を意識してみよ
う」と決めて、一つ一つ練習を積んでみるとよいかもしれません。

　また、いずれのテクニックも日常生活の何気ない会話の中で練習できること
ばかりですから、お友達や家族との会話で、コッソリ練習してみてください。

忍耐強く問い続ける

　インタビューの中でしつこく問いを紡いでいると、ときに「そんなこと言わ
なくてもわかるでしょ？」とか、「そこまで説明させるの？」と言わんばかりに

Intro.

はじめに

Chap.
1
計画

Chap.
2
準備

Chap.
3
実施

Chap.
4
考察

Appx.

大きく見開いた目で見つめられることがあります。「何度も同じことを言わせないでください」と怒られることもあるくらいです。

　確かに、詳しく説明してもらわなくてもわかってしまったり、察することができてしまったりする場合は少なくありません。しかしインタビューという場では、こちらが察してわかったつもりになることは避けるのが王道です。その人の思いや考えを、その人の言葉で発してもらってはじめてデータとしての価値を持つからです。ですからわたしたちは、しつこく問い続けなければなりません。

　しかし、あまりにもご機嫌を損ねてしまうようであれば対策が必要です。

「しつこいようですけど、それはどうしてですか?」

「もう一度確認したいのですが、それは○○ということですか?」

「さっきも聞いたかもしれないですけど、それはつまり……」

　前項で余計な前置きは省くべきだと書きましたが、ラポールが崩れないように配慮して添える一言には意味があります。ご自身の言葉で話してもらうことの大切さを素直にお話しましょう。こちらで察してしまうことの危うさをご理解いただければ、しつこく聞かれることにも耐えていただけるはずです。

　うっかり同じ質問を繰り返せば不信を買ってラポールを壊してしまうかもしれませんが、相手がものすごくよいことを言ってくれたとき、ぜひとも記録に残したい! と思うような発言が出てきたときには、いとわずに同じ質問を繰り返してみる慎重さも大切です。

「すごく大事なことを言っていただいているような気がするのであえてもう一度うかがいますが……」

　こんなふうに前置きすれば、気分を害すことなく答えてもらえるのではないでしょうか。

3.3.3 深掘りアンテナの使い方

まず深掘りすべきかどうかを判断しよう

　表面的な質疑応答に終わってしまった場合、集めたデータを分析し、考察して結論を出す段階で頭を抱えることになります。

　そうならないよう基本をおさえた質の高いインタビューを行うためには深掘りが重要なのですが、相手の発言すべてに対して深掘りを行うのは無理です。時間が足りません。つまり、深掘りすべき局面を見極めなければなりません。調査で明らかにしようとしている事柄を適切に書き出し、そこへ到達するための問いをきっちり用意できていれば、判断にはそれほど迷わないはずです。ただし、判断するためには少し話を聞いてみることも必要です。

　在宅ワークをするようになってからの時間の使い方や時間に対する価値観の変化を探る調査を例に考えてみましょう。まず、在宅ワークの環境を確認する次のような問いから始まる対話です。

自分：「ご自宅で仕事をする時間が増えてから、仕事環境を整えるためになにかなさったことはありますか？」
相手：「そうですね……、洋服をずいぶんと捨てて整理しました」

　仕事環境についての質問に対して、洋服を整理したという話が出てきました。うっかりすると関係ないと判断して、すぐにでも切り替えようと考えてしまうかもしれません。しかし、焦らず、次のように聞いて、質問を聞き間違えているわけではないことと、話が質問に対する答えに繋がっていくのかどうかを探ります。

自分：「仕事の環境を整えるために……洋服を整理ですか？」
相手：「結果的にそうなったという話なんですけど、それでもよいですか？」

　相手からも、確認の問いが飛んできました。聞き手はここで、「結果的にそうなったという話」という相手の発言から、違う意図で始めた行動が思いがけな

Intro.

はじめに

Chap.
1
計画

Chap.
2
準備

Chap.
3
実施

Chap.
4
考察

Appx.

い変化をもたらすことになったというエピソードを聞けそうだと期待します。仕事とプライベートの両方に関連する時間の使い方を聞けそうなのも魅力的ですから、打ち切らずにもう少し話を聞いてみるのが賢明です。

　こんなふうに、何ごとも多少は話を聞いてみないことには判断できないという場合が多いです。その判断を急ぎすぎると、おもしろい話を聞きそびれてしまってもったいないことになるかもしれません。焦りは禁物です。

合いの手を入れながら5W2Hを埋めよう

　相手の心配を払拭しつつ、話を続けてもらうためにきっかけを確認する問いを投げた後、参考になる話が聞けそうだと判断したら、**いつ（When）、どこで（Where）、だれが（Who）**、なにをきっかけに、あるいは**どんな意図や理由で（Why）、なにを（What）、どのように（How）**行ったのか、いわゆる5W1Hに、**感情や気持ちを聞くもうひとつのH（How did you feel?）**を足した**5W2H**を埋めるつもりで問いかけます。

　「結果的にそうなったという話なんですけど、それでもよいですか？」という相手からの逆質問に続く対話を例に考えてみましょう。

自分：「もちろん、もちろん。むしろおもしろそうなので興味津々です。洋服の整理を始めた<u>きっかけ</u>はなんだったんですか？」

相手：「最初は奥さんがやり始めたんですよ」

自分：「なるほど。どんな<u>きっかけ</u>だったのか聞いてますか？」

相手：「ウォークインクローゼットに洋服がぎゅうぎゅうになってきていたので、以前から片づけたいとは二人して言ってたんです。で、奥さんも在宅ワークになって」

自分：「お二人そろって在宅ワークになったのは<u>いつ頃のことですか？</u>」

相手：「1ヶ月くらい前です。それから1週間くらいして突然、"休憩がてら洋服の整理するわ"って言い出したんです。2年着なかったものは捨てる！って決めて、ビックリするくらい捨ててました。どんだけよって」

自分：「休憩がてらっていうのがおもしろいですね」

相手：「会社にいるときは、ちょっとその辺の人とおしゃべりとか、コンビニ行くついでに少し散歩したりとかして息抜きしてたんですよね。それが家で仕事してるとないので休憩を取るタイミングがないというか」

自分：「それは<u>奥様のお話ですか？</u>」

相手：「二人でそういう話をしたことがあって、意識して休憩を取らないとずっと仕事になっちゃうねと」

自分：「なるほど。そんな会話もあって、奥様としては休憩がてら洋服の整理をって話になったということですね。奥様がそう言い出したとき、<u>どう思いました？</u>」

相手：「は？ って思いました。なんでそこで断捨離なの？ と。ちょっとめんどくさっとも思いましたね。ちょっと休憩って話がおおごとになりそうで……」

　相手が5W2Hを意識しながら、網羅的に語ってくれることを期待するのではなく、「きっかけがあったんですか？」「いつ頃でした？」「それは奥様の話ですか？」「どう思いました？」と合いの手を入れるような感じで抜け漏れを埋めていきましょう。

　深く掘るというよりも、周辺を掘るイメージのほうがふさわしいかもしれません。

Intro.

はじめに

Chap.
1
計画

Chap.
2
準備

Chap.
3
実施

Chap.
4
考察

Appx.

行動を起こさなかったことも行動と捉えて掘ってみよう

　自らが取った行動は記憶に残りやすいので、聞かれれば語れますし、聞き手も忘れずに問いかけやすいです。忘れがちなのは、行動として現れなかったことについての踏み込みです。

　「○○したいと思っているんですけど……」のような願望や「○○すべきとは思うんですが……」といった一般的価値観は、頭の中で思っているだけで行動には繋がっていません。しかし、こうした発言の裏には、「……と思ってはいたけれど、そうはしなかった」という行動を取らない選択をした事実が隠れています。これに気づき「なぜ、そうはしなかったのか」を掘ることができるようになれば、隠れた事実（ファクト）をもうひとつ手に入れられます。

自分：「以前から片づけたいとは言っていた……と先ほどおっしゃっていたのですが、それまで行動に移さなかったのはどうしてですかねー？」

相手：「忙しくて、手が回らなかったっていうのがひとつと、僕としては、言っても奥さん任せというのは正直ありました。洋服も圧倒的に彼女のものが多いですし」

自分：「量から言って、奥様主導にならざるを得ないと（笑）。ご主人は結局どうしたんですか？」

相手：「手伝いましたよ。いや、手伝ったって言うより、自分のものは自分で決めたいじゃないですか。ボロボロだけどお気に入りのものとか、着てないけどそれ高かったんだよ！ みたいなのを勝手に捨てられるのは嫌だなって思ったんです」

自分：「捨てられそうになったんですか？」

相手：「そうなんですよ。"コレ着てるの見たことない"とか言ってコレも捨てる、アレも捨てるって分別してたから焦りました。"自分のは自分でやるから待ってー"って」

自分：「ということは、最初は手伝うつもりはなかったということですか？」

相手：「正直言うとそうですね。やり始めると結構時間かかるじゃないですか。それがちょっとね……」

自分：「ちょっとね……というと？」

相手：「ちょっと嫌だというか、不安というか、コワイというか」

自分：「それは、ネガティブな心境と考えてよいでしょうか？」

相手：「完全にネガティブですね。ほんのちょっとの休憩のつもりが仕事の時間を圧迫するくらいなおおごとに発展したら困るぞって」

自分：「なるほど。で、どうしたんですか？」

相手：「奥さんが初日にガッツリ時間をかけていたんで、本当にまずいと思ったから、交代で15分ずつみたいに時間を決めようって提案しました」

自分：「どうして15分？」

相手：「そもそものねらいは休憩だから。休憩が30分とか1時間は多すぎ！」

自分：「なるほどー。で、どうでした？」

相手：「うまくいったと思います。つい夢中になっちゃうから、タイマーかけるようにして」

自分：「タイマー！」

相手：「最初はスマホでタイマーをかけたんですけど、スマホを持っていくとメールやニュースを受信するたびに勝手にいろいろ表示されたりして邪魔なので、3日目くらいからキッチンタイマーです（笑）。ねらいは休憩ですから！」

　それまで行動に移せなかったのはなぜか、どうしてそれまでは閃かなかったのか、いずれも本人の主観や想像をもとに語ってもらう話になりますから、信ぴょう性が100％とはいきません。それでも、ふり返ってどう思うかを聞いておけば、考え方や捉え方のひとつとして参考にできますし、その人の持っている価値観や主義主張を推測する役に立ちます。

質問に対する答えを手に入れたかどうかを確認しよう

　次の話題に移るべきか、このままもう少し掘るべきか、迷いどころです。当初の質問に対して答えが手に入ったかどうかを基準に考えましょう。

　話をしている間に質問を忘れて脇道に逸れていってしまう相手を引き戻すには、まず質問を思い出してもらうことでしたよね。聞き手である自分が質問を忘れるなんてことはないと思うかもしれませんが、深掘りに夢中になっているとぜんぜんあり得ます。特に、冒頭で深掘りに値する話かどうかの判断に迷った場合は、話の展開を想像できていなかったわけですから、自分も一緒に迷路

Intro.

はじめに

Chap.
1
計画

Chap.
2
準備

Chap.
3
実施

Chap.
4
考察

Appx.

に入り込んでしまっている可能性が高いです。自分に対するリマインドも込みで、そもそもの質問を確認し、聞いてきた話が答えに繋がっているかどうかを確認しましょう。

自分：「で、クローゼットはスッキリしました？」
相手：「スッキリどころかスッカスカになりました（笑）」
自分：「それはよかった。でも、あれ？ これなんの話でしたっけ？（インタビューガイドをチェック） そうだ、仕事の環境を整えるために洋服の整理って話から始まったんですけど……」
相手：「そうだそうだ、それだ。クローゼットの中から衣類がみるみる減っていくのを見ていて閃いたんですよ、そこをZoom部屋にしようって」
自分：「お〜！」
相手：「広くはないんですけど、ウォークインクローゼットなので個室っちゃ個室なんですよ。そこに入ってリモート会議するようにすれば、子どもにもテレビを見せてあげられるし」
自分：「それまではどうしてたんですか？」
相手：「ダイニングテーブルしか場所がなかったので、居間と並んでるんで、リモート会議をしてるときはテレビを我慢してもらってたんですよ、子どもに……」
自分：「じゃ、今はクローゼットの中で？」
相手：「です。ダイニングよりも静かだし、案外よいです。ただ、長くなると息苦しいんで、30分くらいで終わらせるようにしてます。おかげで打合せの効率も上がっちゃった（笑）」

　自宅でリモート会議に参加するときの状況が見えてきました。その状況や環境について掘り続けたり、場所をダイニングからクローゼットへ移動したことに伴って現れた別の変化に話題を変えたり、この後の展開は目的次第でいろいろ考えられますが、話が脇道にそれていないことを確認したうえで判断ができそうです。

3.3.4 深掘りアンテナのさらなる使い方

話題を横断して俯瞰し、矛盾を解消する

　前項は話題ごとに深掘りをするときの考え方や進め方でした。話題ごとに語りを促すのは、相手が記憶をたどりやすくするためです。

　そうやって促された相手は、頭の中にある記憶の中で、今の話題に関連する部分のみをたくみに引っ張り出して語ってくれることでしょう。言い換えると、今の話題に関連しないと当人が考えたことは、絶妙に（多くの場合は無意識のうちに）省略されることになります。

　そうすると、「さっき聞いた話と矛盾しているような気がする……」と感じる場面が出てきます。「さっきの話はもしかして嘘？」「いや、今の話が適当なのか？」と相手に対する不信感が芽生えることもあるでしょう。

　話題ごとに区切って聞いてきた話を繋ぎ合わせたときに、矛盾なく、納得できる話になっていることを確認するのもひとつの深掘りです。深く掘るというよりも、こっちの掘り筋とあっちの掘り筋をつなぐルートを見つけるようなイメージのほうが近いでしょうか。オンラインショッピングの利用状況調査を例に考えてみましょう。

　まず利用頻度に焦点をあてた質問から始めたとします。

自分：「オンラインショッピングをするときに、いちばんよく使うサイトはどちらですか？」

相手：「楽天です。だいたいいつも、まず楽天で検索します」

自分：「即答ですね。割合で言うと、どのくらいですか？」

相手：「頻度ですよね？　9割は楽天だと思います。真っ先に楽天で探して、そこで見つかればだいたい買っちゃうので」

自分：「どうして楽天なんですか？」

相手：「ポイントです。ポイントが貯まるので」

　楽天市場の利用頻度が高い理由はポイントにあるようです。ところが、楽天ポイントについてたっぷり話を聞いた後、実際に母の日のプレゼントを探す様

Intro.

はじめに

Chap. 1 計画

Chap. 2 準備

Chap. 3 実施

Chap. 4 考察

Appx.

子を見せてもらったら、"まず楽天で検索"することも、検索の途中で楽天に立ち寄ることもなくて、さっきの話とぜんぜん違うのだけどどういうこと？ という展開になりました。一連の買い物を見せてもらったあとで、確認のための深掘りをします。

自分：「まずこのサイトで検索したのはどうしてですか？」

相手：「ここは以前も使ったことがあって、キレイにラッピングして届けてくれるんですよ」

自分：「あ、プレゼントですもんね」

相手：「そうなんです。何年か前に楽天のお店で買ったのを、そのまま母のところに届けたら、ラッピングとは呼べない代物だったらしくて（笑）」

自分：「それ以来、プレゼントの場合は楽天を使っていないのですか？」

相手：「いや、そうとも限らないんですけど。母の日のこれは、昨日楽天でも見て、値段がこことそう変わらなかったんで……」

自分：「楽天ですでに検索をされたってことですか？」

相手：「はい。すみません。昨日、見ちゃいました。楽天で買えるかどうか、いくらかっていうのは、必ずチェックするようにしているので」

自分：「チェックしたのは値段だけですか？」

相手：「ポイントの計算はなんとなく頭の中でしました、たぶん。送料も全部ひっくるめてこのくらいかーみたいな」

「真っ先に楽天で探す」という発言の真偽を確かめるべく事情を確認したら、調査の前日、「真っ先に楽天で探す」という行動を確かに取っていて、それは聞かれなかったので言わなかっただけだということが判明しました。インタビューの中で、こうした確認作業をていねいに積み重ねて矛盾を解消していかないと、データを分析するときになって頭を抱える羽目になります。

　言動の矛盾をついて真相を究明しようとするときには、嘘を攻める雰囲気にならないよう十分に気をつけましょう。多くの場合、相手に嘘をついたつもりはありません。先の例のように聞かれなかったから言わなかったとか、話をわかりやすくするために端折ってしまったとか、深く考えずに思い出したことをそのまま喋ってしまったとか、悪気のない場合がほとんどです。それを鬼の首を取ったように詰問すれば、逆に相手の中にこちらに対する不信感が芽生えてしまいます。それでラポールが崩れれば、深掘りどころではなくなってしまいます。

　もし、嘘をつかれてしまった場合はどうしましょう？　例えば、調査の前日にこっそり楽天で検索をしたことは言わないほうがよいだろうと相手が考えた場合は、次のような展開になる可能性があります。

自分：「それ以来、プレゼントの場合は楽天を使っていないのですか？」
相手：「いや、そうとも限らないんですけど……（実は昨日調べたけど、それは言わないほうがよいよねきっと）、今回は使いません」
自分：「どうしてですか？」
相手：「楽天にはこういう商品はないと思うので、ここで買います。ここで買えそうなのでここで大丈夫です」

　あやふやな理由や頑なに楽天を見ようとしない様子などから、どこかに嘘が混じっているかもしれない……と思ったら、その流れで追求するのは諦めます。嘘を取り繕いながらの話はどんどんややこしくなり、当の本人もますます後に引けなくなって収拾がつかなくなりますから。この例の場合であれば、母の日のプレゼントとは違う商品の検索をその場で適当に見繕ってやって見せてもらえば、より事実に近い利用状況を確認できそうです。

　そんな臨機応変な展開を思いつけなければ、今の話題は一旦打ち切って、忘れた頃に話を戻す作戦を使ってみてください。もちろん、「先ほどの話なんで

Intro.
はじめに

Chap.
1
計画

Chap.
2
準備

Chap.
3
実施

Chap.
4
考察

Appx.

すが……」のような切り出しは不要です。経験則に過ぎませんが、こうして少し時間を置くだけで、とっさにつく嘘や言い逃れのような反応が減ることを期待できます。

文脈や環境や時間をずらして、
記憶の棚の他の引き出しを開けてもらおう

　質問にしっかり答えようと一生懸命になってくれている相手は、ひとつの質問に対して、ひとつの答えを返したところで仕事を終えたと考えがちです。しかし、人の行動を決定づける理由やきっかけはひとつではない場合も十分に考えられます。文脈が違えば行動が変わるかもしれないし、行動を裏付ける理由も変わるかもしれません。たくさんの事実（ファクト）を聞き出したいと思うあまり、「他には？」をくり返すのも、単調に「どうして？」をくり返すのと同じくらい不興を買います。相手に不快感を覚えさせずにしつこく深掘りを続けるにはどうしたらよいでしょう？　健康管理にまつわる調査で、個々人が意識して取り組んでいる事例をたくさん集めようとしているときの対話を例に考えてみます。

自分：「他にもなにかご自分で取り組んでいることはありますか？」
相手：「他……ですか？ 食事の話と運動の話をしましたよね。それくらいだと
　　　　思うんですけど、他になにかあるかな？」

　相手としては、思いつくことはすでに話しましたという雰囲気で、もっと他にはないのか？ と聞かれて困っています。聞き手としては、もっとたくさんの事例を聞きたいだけなのに、「他には？」と聞かれ続けた相手は「満足のいく答えを返せなかったということかな？」「これまでの俺の話には価値がないってことか？」と心中穏やかではいられなくなってしまうかもしれません。
　例えば次のように、記憶をたどる文脈を大きく切り替えてもらうよう促すとどうでしょう？

自分：「今の食事と運動のお話は、ご家庭での取り組みだったのですが、<u>例えば
　　　　平日、お仕事をされているときのことを思い返してみたら、いかがです</u>

相手：「なるほど。会社にいるときですよね？ また飲食の話になりますけどよいですか？」

自分：「もちろん」

相手：「会社にいるときはこまめに水分を取るようにしています」

自分：「こまめに、というのはどのくらいですか？」

相手：「15分に一回くらいの頻度でペットボトルの水をちょっと飲む感じです」

自分：「なかなかの頻度ですね。なにか意図や理由があるんですか？」

相手：「母から聞いたんですけど、そうやってこまめに水分を流し込むと、喉に菌やウイルスがとどまるのを防ぐことができて、風邪をひきにくくなるらしいんですよ。本当かどうか知らないですけど」

自分：「へー、そうなんですね。知らなかったです。お母さんはどこでそんなステキな情報を？」

相手：「それは知らないですけど、去年の冬にやってみたら、たしかに一度も風邪を引かずに済んだので、いや、それが効いたのかどうかもわかりませんが、なんとなく習慣化しています」

自分：「他にも、なにか子どもの頃からの習慣みたいなもの、お母さんやご家族の影響で続けているようなことで思い出せることはありますか？」

　相手の話を聞きながら、家庭での取り組みに無意識のうちに注意が寄っていると思ったら、違う環境（ここでは会社）の記憶を探ってもらうように問いかけます。すると、母親からの助言で行動を変えたというおもしろい事実が出てきました。

　母親の登場をさらに活用して、少し遠い過去の記憶に意識を向けてもらおうとしている最後の問いかけも同じ意図です。

　これらの例のように、相手が無意識のうちに注意を向ける幅を狭めている可能性は少なくありません。記憶の棚の引き出しを、最初に開けたひとつで終わらせないために、文脈や環境や時間をずらして想起するきっかけになる問いを投げてみましょう。

Intro.

はじめに

Chap.
1
計画

Chap.
2
準備

Chap.
3
実施

Chap.
4
考察

Appx.

日ごろ意識していないことを考えさせるところまで踏み込もう

　ここまで、相手は自分の記憶をたどって、事実（ファクト）を語っていました。思い出すのに苦労することや、うまく言語化できずに困るようなことはあったかもしれませんが、基本的には深く考えずとも語れる内容に終始していたと思われます。そこまでで終わってしまうと、すでに顕在化しているニーズや不満までしか出てきません。相手が普段意識していないことを、その場であえて考え、自分の気持ちや態度を深く探り、本人が「もしかしたらこういうことなのではないか？」と気づくところまで掘れれば、相手の深層心理に踏み込み、本人も気づいていなかった潜在的な欲求を掘り当てる道筋が見えてきます。

　在宅ワークに関するインタビューの例に再登場してもらいます。言い換え過ぎの失敗を改めたところとその先の展開に注目してください。

自分：「先ほどから何度か出てきている"休憩"なんですけど、休憩って○○さんにとってどういう時間ですか？」

相手：「休憩は、休む時間……ですよね」

自分：「休む時間というとどういう状態のことですか？」

相手：「仕事の合間の休憩なので、自分の仕事は肉体労働ではなく頭脳労働の部類だと思いますから、身体より頭を休ませる時間って感じです」

自分：「先ほど、休憩時間には断捨離をしているとおっしゃっていたのですが、そのとき頭は休んでいるんですか？」

相手：「厳密に言うと休んではいないですね。でも仕事のときとは違う使い方をしているというか、なんだろう、頭は使っているけど、仕事のことは忘れられているというか……、うまく言えないんですけど……」

自分：「仕事のことを忘れたい？……」

相手：「完全に忘れるのは無理なんですけど、仕事とは違うことを考えることで、仕事のことを考えなくて済むようにしているという感じかもしれないですね」

自分：「仕事のことを考えなくて済むようにしている……ということは、そういう、仕事のことを考えなくて済む状況を意識的につくっているということでしょうか？」

相手：「意識的につくったわけではなく、さっきも言いましたが、結果的にそう

Intro.

はじめに

Chap.
1
計画

Chap.
2
準備

Chap.
3
実施

Chap.
4
考察

Appx.

なっただけで棚ぼたですよね、言わば。上書きというか、上乗せというか、放っておくとつい仕事のことを考えてしまうので、考えるべきことを別につくり出して、そっちに頭を使えば、仕事のことはその間うしろに下がるというか、隠れるというイメージですかね……」

自分：「放っておくとつい仕事のことを考えてしまうというのは、いつの話ですか？」

相手：「いつというか、今、ずっと家で仕事をしているので、仕事とプライベートを切り替えなくちゃならない環境じゃないですか。今までだったら、家に帰れば仕事のことは考えなくてよくなっていたんでしょうね。"ただいま"で仕事オフ、みたいな。それが在宅ワークになって、家にいるときも仕事のことをつい考えちゃうようになって、だから、仕事モードをお休みモードに切り替えるチャンスを心のどこかで求めていたのかもしれませんね」

自分：「なるほどー。それはつまり……、ダイニングテーブルにいるときが？」

相手：「仕事モードで、クローゼットで断捨離しているときはお休みモードってことです」

自分：「なるほどなるほど……」

相手：「……もしかしたら、クローゼットに移動すること、家の中でも場所を移動することが休憩には必要だったのかもしれないですね」

　インタビューに協力してくれる人たちは、「何を聞かれるんだろう？」「うまく答えられるだろうか？」とドキドキしています。そんな気持ちに寄り添って、相手が答えやすいように、語りやすいように、困らないようにと、相手が答えやすい質問を投げるばかりでは、想定の範囲内におさまる、深みのないインタビューに終わってしまいます。本当の意味での深掘りは、そこからさらに踏み込んだところから始まります。

　インタビューの中で相手がよく発する言葉や慎重に選んだ表現を拾い、それはどういう意味かを考え、確認の質問を投げる。そうやって小さな仮説づくりと検証のための質問をくり返すことで、相手の頭の中でもまだぼんやりしている思考や想いをはっきりした輪郭のあるもの、言葉にして説明できるものにまとめていく作業を協力して進めるのが求められる深掘りです。

　話の矛盾を突いて、確認の質問を投げるのも、本人が矛盾に気づいていない

場合には一歩踏み込んだ思考を促すよい深掘りになります。「言われてみれば確かに、自分で言ってることがちぐはぐだけど、どういうことだ？」と、自ら積極的に矛盾の解明に乗り出してくれるようになれば、対話はどんどん深くなっていきます。

　「日ごろ意識していないことを考えさせられた」「自分でも気づきがあった」と帰りしなに相手から言ってもらえたら、よい深掘りができたことへの賛辞と受けとめましょう。

column

こんなんでお役にたちましたか？ と聞かれたら

　「ご協力ありがとうございました」と言いながらインタビューを終えようとする自分に向かって、不安そうな面持ちで「こんな話でよかったんですか？」「こんなんでお役に立ちましたか？」「なんかぜんぜんお役に立ててないような気がするんですけど大丈夫ですか？」と言われること、少なくありません。

　調査に協力してくれる方々のほとんどは、単なる小遣い稼ぎではなく、やるからには役に立ちたいと思ってくれています。結構な割合の方が"市場調査"や"マーケティングリサーチ"と言われる調査に協力した経験をお持ちなのかもしれません。"意見"を聞かれることに慣れてしまっているのです。

　ユーザーが心の底で求めている真のニーズを探るための探索的な調査や、コレこそが！と思われる仮説がユーザーの気持ちに寄り添う現実的な解になっているかどうかを確認したくて実施する検証型の調査では、ユーザーの現在の姿を真に受け止めるために事実（ファクト）を丹念に細かく聞き出したり、言葉で表出される感情の真の意味を突き止めるためにしつこく気持ちを確認したりすることが重要視されます。結果として、「○○についてどう思いますか？」という表面的な問いは少なくなります。問いに答える側にとっては、日ごろの生活の様子を思い出しながら語っただけで、この話が、どの商品のどの機能に生かされていくのかがさっぱり見えず、不安になり、「こんな話でよかったですか？」という半信半疑のまま帰り支度を促されることになります。

そんな展開になるのを防ぐために、調査の冒頭では必ず「〇〇さんの行動やお気持ちには正解も不正解も、よいも悪いもありません。ぜひ率直なお気持ちや普段の様子をありのままに聞かせてください」と声をかけるのを忘れないようにしましょう。そんな声掛けも、調査の終わり頃には忘れられてしまっていて、やっぱり不安な面持ちで「こんなんでお役に立ちましたか？」と聞かれることは少なくありません。そんなときは、「今日のようなお話はなかなかうかがう機会がないので、とても勉強になりました」「生活は人それぞれですから、〇〇さんの生活を垣間見れてとても勉強になりました」「自分の生活や考え方とは違う面をたくさんうかがいましたから、参考にさせていただきます」「うかがったお話をじっくりふり返って、今後の企画に役立てたいと思っています」といった具合に言葉を添えて、どう役立つか、どう役立てるかははっきり言えなくても、貴重な時間だったことを強調して伝え、お見送りしましょう。スッキリ気持ちよく帰っていただくところまでがモデレーターの役目です。

Intro.

はじめに

Chap.
1

計画

Chap.
2

準備

Chap.
3

実施

Chap.
4

考察

Appx.

column

帰り際にこそ出るかもしれない本音

　慣れない環境で質問攻めにあい、普段はあまり考えないことを一生懸命に考えて言葉にすることが求められる時間はとても疲れるものですし、ある程度の緊張は最後まで解けきらず残ってしまうものです。どんなにリラックスした雰囲気でインタビューが進んだように見えたとしても、ICレコーダーの録音を止めた途端に、大きく息を吐き出したり、椅子の背にもたれかかったりして、緊張から解き放たれた喜びを無意識のうちに態度で表してしまう方は少なくありません。あるいは、部屋から外へ出てやっと緊張がほぐれたと明かされる方もいらっしゃいます。緊張感から解放されたそのときこそが実は、本音を聞くチャンスのときです。

　帰り支度を促しながら、インタビューの中で確認し損ねたことや回答が曖昧だったことをさりげなく質問してみましょう。ポロッと本音が出てくるようであれば、部屋の入口でお別れするのではなく、エレベーターホールや建物の出入口までお見送りをしながら、こっそりインタビューを続けます。

そこでペンを取り出してメモをしたりしては、緊張を呼び戻してしまい、口を重たくさせてしまうかもしれません。ほんの短い時間です。ここは自分の記憶力に頼りましょう。最後のチャンスのときを有効に活用できるよう、最後の最後まで油断は禁物です。

1セッション目は全問カバーを目指そう

深掘りを意識してがんばったら、用意していた質問を聞き切れずにたくさん残っちゃうし、全問聞かなくちゃ！と思っていたら時間がぜんぜん足りなくて、深掘りが甘いって怒られるし、どうすればよいんですか？

よく聞く悩みです。

相手との対話はどう流れるかわかりません。なにが出るかわからないからこそインタビューに価値があるわけで、深さと広さを天秤にかけて判断を下しながら対話の舵取りをするのは、モデレーターが背負い続けなければならない課題です。

調査を設計し、インタビューガイドをつくるときに、おそらくアレもコレもと質問が追加され、60分で全部カバーするのはそもそも無理でしょ？ という状態になっているはずですから、そもそも網羅するのは無理なのです。

Chapter 1『時間配分と優先度を決める』(P. 046) にも書いたとおり、質問と

して挙げてあるからといって、**全部を順番どおりに聞くわけではないことを関係者に周知徹底する**ことがまず大切です。これを怠れば、インタビューの当日になって「どうしてこの質問を飛ばしたんですか？」とか言う人が必ず現れます。ガイドに書いてあれば聞いてもらえると期待してしまうからです。また、関係者それぞれの立場や関心に応じて、優先したい質問が異なるのも事態をややこしくします。こっちを立てて深掘りすれば、あっちの質問ができずに終わってイラつく人が出てきてしまいます。この事態を収拾するために、パイロットセッション、ないしは1セッション目では深掘りを諦めて、問いを網羅することを優先します。

そして終了後、「ご覧のとおり、全問カバーしようとすると、途中でなんにも深掘りできないんですけど、これでよいですか？」とでも言って、議論を呼んでください。これで、**優先順位**をつけやすくなります。

セッションごとに優先順位を調整しよう

優先順位を決めるときに抵抗を示す人が現れるのは、調査を通じてその優先順位は変わらないと思うからです。

ユーザーインタビューは、全員に共通の質問をして、回答を集計し、平均がどうの、ばらつきがどうのという分析をする調査ではありませんから、相手の語りに合わせて、臨機応変に焦点を動かせるという強みがあります。最初の数人で優先順位の高い質問に対する回答に傾向が見出だせたら、以降はそれまであまり触れられていない問いにもう少し時間を割き、違う側面を深掘りするようにします。

目の前にいるこのお相手から、すべての問いに対する答えをもらうことを目指すのではなく、**全セッションが終わったときに、すべての問いをカバーし、調査の目標をクリアしている状態を目指す**べきです。そのためには、セッションごとに優先順位すらも臨機応変に切り替えていきましょう。

Intro.

はじめに

Chap.
1
計画

Chap.
2
準備

Chap.
3
実施

Chap.
4
考察

Appx.

3.4 | 上達のヒント

　本章では、ユーザーと向き合ってインタビューを行う皆さんに知っておいて
もらいたい基本的な心掛けやコツを考えてきました。相手との信頼関係を築き、
それを壊すことのないよう慎重に言葉を選びながら、時間や話の流れを管理し、
要所要所で相手の懐へ入り込んで語りを引き出していく方略の数々です。

　「上達するにはやっぱり場数ですか?」とよく聞かれます。もちろん、場数を
踏めば事前準備のクオリティが上がり、ユーザーと対峙したときの緊張感も和
らぎ、日ごろの訓練の成果で時間管理もうまくできるようになり、時間と気持
ちに余裕ができれば落ち着いて深掘りもできるようになることでしょう。しか
し、それを地道に積み上げていくだけでは時間がかかります。もっと効率よく
上達する術はないのでしょうか? 鍵を握るのは、次の3つだと筆者は考えてい
ます。

- **メタ認知**：相手の話を聞き、自分の理解の状態や調査の目的との関連を考
慮しながら質問の順序を入れ替えたり、話題の取捨をしたりし
て臨機応変に対話を組み立てていけるようになるための力
- **共感力** ：相手の頭の中を客観的に想像するだけでなく、相手の立場に
立って主観的に考え、感じられるようになることで理解を深め
られるようにするための力
- **ふり返り**：より質の高いデータを取れるようにすべくセッションごとに
行うふり返りと、後続の活動へスムーズにバトンを渡すための
ふり返りに加え、インタビュースキルとメタ認知を高めるため
に自分のインタビューを客観的にふり返る内省の場

　これら3つの意義を踏まえて訓練を積むことによって、ガイドに書かれてあ
るとおりの予定調和な進行から脱却し、広がりと奥行きを持った一段上のイン
タビューを行えるようになります。

では、これら3つの意義と訓練方法をじっくり考えてみましょう。

3.4.1 場数を踏むことよりもメタ認知できるように なることを目指す

メタ認知とは何か？

"メタ認知"の前に"認知"の意味を確認しましょう。

人の話を聞き（知覚）、その内容を頭に入れながら（記憶）、その意味するところを考えて（思考）、「こういうことかな？」と推論したり、「こういうことだ」と理解したりという頭の中の働きは**"認知"**という言葉で総称されます。

そして**"メタ認知"**とは、そうした自分自身の認知の状態を客観的に認知することです。「ぜんぜん集中できてないなー」「つい感情にまかせて怒鳴ってしまった……」「直感で判断してしまったけど、大丈夫だろうか？」という具合に日常生活の中でメタ認知を効かせて立ち止まっていることは誰にでもあるはずです。これができなければ、まったく集中できていない状態で同じ作業を続けて成果を出せないまま時間を浪費したり、感情的に怒鳴り続けて人間関係を壊してしまったり、直感的な判断のまま突き進んで大失敗をしたりすることになります。

ユーザーインタビューをしながら、このメタ認知を利かせられるようになると、例えば次のような判断ができるようになります。

- 今の話の〇〇に関する部分は後から改めて確認したいので、忘れないように書き留めておこう！
- この質問よりも、あっちの質問を先にしたほうが思い出しやすいし、話が流れて時間の節約にもなるかもしれない
- 今の話を事実として受け入れる前に、いくつか確認したほうがよさそうだな……

つまり、メモ取りの勘所が養われたり、舵取りがうまくなったり、深掘りのポイントに気づきやすくなったりするということです。では、ひとつ目の例を

Intro.

はじめに

Chap. 1

計画

Chap. 2

準備

Chap. 3

実施

Chap. 4

考察

Appx.

使って詳しく見てみましょう。

　相手の話を聞きながら「今の話の〇〇に関する部分は後から改めて確認したいので、忘れないように書き留めておこう！」と考え、行動に移すには、次のような自分の認知を認知する、つまりメタ認知することが必要です。

- 今の話の〇〇に関する部分は調査の目的に直結しそうで大切だと気づく
- ただし、〇〇以外の話も調査の目的につながるし、自分の知らないことでもあるので聞いておきたいと考える
- 〇〇に関する話題を後から改めて持ち出すべきことを覚えておいたり、きっかけなく思い出したりする自信がないことを認める
- きっかけなく思い出すことは難しくても、見れば思い出せるようにしておけば思い出せるはずだと考える

　こうしたメタ認知を働かせるためには、**自分が取り組んでいる課題（ユーザーインタビュー）の目的や目標についての知識や理解**が前提になければなりません。さもなくば、上に挙げたうちの前者2つ、つまり"〇〇に関する部分は調査の目的に直結しそうだと気づく"ことや"〇〇以外の話も調査の目的につながるので聞いておきたいと考える"ことがそもそもできないからです。調査の目的を常に意識できるようにしておくのは、ユーザーに対峙しているときにメタ認知をしっかり働かせられるようにするためでもあるのです。

　次に、**自分が知っていることとまだ知らないことを切り分けて捉えられているかどうか**が肝になります。相手の話を聞きながら"これは知っていることだから短めに切り上げてもらって大丈夫"とか、"これは知らない話だから、自分がしっかり理解するまでしつこくても聞く必要がある"といった具合に判断しながら対話を進めていけるようになるには、このメタ認知が欠かせません。注意しなければならないのは、知っていることと知らないことの間に**"知っているつもりになっていること"**があり得ることです。"知っている"と断言できるレベルで本当に理解できているのか、推測が混じったり、先入観に流されたりしてはいないか？と、自分の認知を疑いながら相手の話を聞けるようになるまでのメタ認知がなければ、歪んだ聞き方や解釈へと押し流されてしまう危険がなかなか減りません。

知りたいこと

わからないこと

？

？

？

わかること

Intro.

はじめに

Chap.
1
計画

Chap.
2
準備

Chap.
3
実施

Chap.
4
考察

Appx.

　三つ目に大切なのは、**人間の認知特性に対する理解**です。頭の中にある記憶から必要なものを取り出すことを"再生"、提示されたものを認識して思い出すことを"再認"と呼びますが、後者のほうが圧倒的に簡単です。これを知っていれば、「きっかけなく思い出す（再生する）ことは難しくても、見れば思い出せる（再認できる）ようにしておけば思い出せるはず」だと考え、メモを取るという行動を自分自身に促すことができます。あるいは、ユーザーインタビューの現場では、相手の話を聞き、理解するところに認知能力の大半を使うことになるため記憶力が働きにくくなる、と自分の認知の傾向をメタ認知していれば、自らの記憶力を過信せずにメモを取ろうという判断ができるはずです。人間の認知がどのような特徴をもっているのか、自分の認知にどのような傾向や弱点があるのかを認識してユーザーインタビューに臨めるようになれば、弱いところを補うべく作戦を立て、それを行使することができるようになります。

　こうしたメタ認知がユーザーインタビューという文脈でどのように機能するのかをもう少し具体的に知るために、次の対話を見てみましょう。オンラインショッピングの利用状況を把握するためのタスク分析型インタビューからの例です。

自分：「オンラインショッピングをよくお使いになるというお話でしたが、どのように利用されているのですか？」

相手：「本の場合は、最近はもうAmazon一択ですね」

自分：「なるほど、本はAmazon……ですね。では、本以外の買い物の場合はどうですか？」

相手：「本でなければいきなりAmazonには行かずに、まずGoogleで検索をして、出てきたお店を上から順に見ていく感じが普通です」

自分：「なるほどなるほど。では、そのGoogle検索から始まるお買い物の様子をまずは詳しくうかがうことにしましょう」

　この調査の目的は、本を購入するときを含むオンラインショッピング全般の利用状況を把握することですから、いきなり本を購入するときに焦点を絞って話を聞くべきかどうかは立ち止まって考える必要があります。「Amazon……ですね」とつぶやきながら、このまま本を購入するときの利用状況を聞き出すべきか、後回しにすべきかを考え、このときは後回しにすることにしたとしましょう。そして、本の話題に忘れずに戻ってこられるように"★本＝Amazon"とメモを取れれば、メタ認知が働いている証拠です。

メタ認知を磨こう

　質問を紡いでいくだけでこれほどにも脳をフル回転させなければならないのかと、読者の中には心配になってしまう人もいるかもしれません。しかし、このメタ認知は誰もが持っている内なる力ですし、子どもの頃から少しずつ鍛えてきているはずです。意識して訓練すれば、さらに伸ばすことのできる能力です。その方法を考えてみましょう。

　まず簡単に取り組めるのは、**人間の認知特性に関する知識の増強**です。本書からすでに相当量を手に入れているはずですが、さらに一歩も二歩も進んで勉強したい場合は巻末で紹介する文献に目を通してみてください。

　先人の研究成果として発表されているそうした文献を読めば、人間の認知がどう働くのか、どんなバイアスが潜んでいるのかを知ることができます。しかし、自分自身の認知の傾向を知ることはそう簡単にはいきません。なぜなら人には、**"バイアスの盲点（bias blind spot）"** と呼ばれる認知バイアスがあるからです。他者の認知バイアスには気づけても、自分自身の認知バイアスには気づきにくく、自分の認知バイアスは他者よりも少ないと無意識に信じてしまう傾向のことです。加えて、自分の能力は平均を上回っていると信じてしまう**"平均以上効果（above-average effect）"** と呼ばれる認知バイアスも持っています。まとめて一般的な言葉に置き換えれば"思い上がり"です。人間なら誰しもが持っているこうした認知バイアスを踏まえて自分の認知傾向を正しく捉えるのは容易ではありません。しかし、手段はあります。バイアスの盲点を逆手に取って、他者の力を借りればよいのです。自分のインタビューを他者に見てもらい、確証バイアスに陥って誘導的な問い方になっていた場面はないか、もっと深掘りできたのに浅く対話を切り上げてしまったところはないか、そんな修正の余地があったところを指摘してもらいましょう。

　さらに、インタビューを担う役とそれを客観的に見て指摘をする役を交代で行い、主観と客観を共に体験した後なら、次のように視点を切り分けて一緒にふり返りができます。

（1）他者からの指摘があって気づけたこと
（2）自分でも気づいたけれどうまく対応できなかったこと

Intro.

はじめに

Chap.
1
計画

Chap.
2
準備

Chap.
3
実施

Chap.
4
考察

Appx.

両者を分けて捉えることがまさにメタ認知なので、このふり返りをしっかり行えば、次に必ず活きてきます。ユーザーに対峙したその場でメタ認知を働かせることが難しそうなら、準備により一層の時間をかけましょう。自分がわかっていることとわかっていないことの仕分けを念入りに行いながら調査を設計し、質問を準備して臨むようにしたり、見ればわかるようにそれをガイドに書いておいたりするなど、できる工夫はいろいろあるはずです。

相手のメタ認知も意識しよう

　自分のメタ認知に気を取られていると、相手にもメタ認知があることを忘れがちです。もちろん「メタ認知を働かせながらインタビューに臨もう」なんて考えているのはこちらだけで、相手は"メタ認知"という言葉やその意味するところまでは知らないだろうし、知っていたとしてもインタビューだからといってそれを意識する人はいません。

　しかし、インタビューを行う側が相手のメタ認知まで意識することができれば、対話を進めやすくなります。例えば、質問に対する相手の答えが的を射ていない場合、相手が質問の意味を正しく理解できていないと考えるまでは難しくありません。そこから一歩進んで、相手のメタ認知を意識すれば、状況には次のふたつがあり得ることに気づきます。

- 質問の意味を理解できていないことに気づいておらず、理解したつもりになっている
- 質問の意味を理解できていないことに気づいているけれど、理解したふりをしている

　こちらの対応は当然変わってきます。

　前者であれば、質問の意味を理解できない相手を責める雰囲気にならないよう、質問を言い直したり、耳で聞くだけでは理解できなさそうであれば紙に書いて見せたりするような先に紹介した作戦を取ることが必要になります。

　後者の場合も、相手の態度を責める雰囲気にならないよう注意する点は同じです。合わせて、相手が理解したふりをしてその場をうまく取り繕おうとする理由を考えてみましょう。この程度の質問を理解できないと思われたくないという抵

抗感からかもしれませんし、わざわざ質問を聞き返して真摯に取り組むほどのことではないという態度の問題という可能性もあります。いずれにしても、その質問に執着していては時間を食うばかりで実りは少なくなりそうです。この話題は先送りすることにしてフォーカスを変えるのが取るべき作戦になるでしょう。

そうやって対話をくり返していくと、相手の認知の傾向が少しずつ見えてきます。早合点しがちな人だから質問をくり返すようにしたほうがよさそうとか、何か聞かれると深く考えずに反射的に口が動くタイプのようだから質問を分割して聞き出した後で聞いた話を要約して確認するようにしようとか、言いたいことを頭の中でまとめてから話すタイプだからそのための時間をあげたほうがよさそうだなといった判断ができるようになります。インタビューを通じて、相手のこうした思考の特徴を掴むところまでいければ、データを解釈するときの助けにもなります。難しく感じるかもしれませんが、要は「**この人はどんな風に頭を使う人かな？**」というのを探るつもり、相手の頭の中を覗き見する意気込みです。

3.4.2 相手の心の中に入り込んで感じ、経験する

あるべき"共感"の形を捉えよう

相手に共感しながら話を聞く態度とそこまで入り込む覚悟を持ってインタビューに臨めば、相手の話す内容を理解しやすくなります。そのためにまず、**"共感"**の意味を確認しましょう。

多くの日本人が"共感"と聞いて思い浮かべる英語は**sympathy**（以下シンパシー）ではないでしょうか。ケンブリッジ英英辞書のサイト[1]にある定義を日本語に訳すと、シンパシーとは"悩みや問題を抱えて不遇を感じている他者を理解し、気にかける感情とその表出"です。お気づきでしょうか。シンパシーは、そもそも上から目線なのです。つらい環境にあったり、問題を抱えていたりして好ましくない状況にある人に対して「それはお辛いですね……」「それは大変だ！」と抱く感情やそれを言葉にして、あるいは表情で表したものがシンパシーです。訳語は"共感"よりも"同情"のほうがピッタリきます。一歩間違

※1　https://dictionary.cambridge.org/

Intro.
はじめに
Chap.
1
計画
Chap.
2
準備
Chap.
3
実施
Chap.
4
考察
Appx.

えると、上から目線で同情を押し付けるような感じになり、インタビューの質を上げるどころか、ラポールを壊すきっかけにもなり得ますから、**シンパシー型の共感はしてはなりません。**

　ユーザーインタビューで望まれる共感は、empathy（以下エンパシー）のほうです。同様に英語の意味を確認すると、"他人の感情や経験を、その人の状況にあってどのようなものになるのかを想像することによって共有する能力"とありました。話を聞いて、自然と沸き起こってくる感情ではなく、想像して理解する力のことをエンパシーと言います。

　シンパシーの場合、相手は困った状況にいるのが前提になりますが、エンパシーの場合はそうとは限りません。めちゃくちゃハッピーかもしれないし、とことん困っているかもしれません。そういう意味でもユーザーインタビューで求められる共感の形がエンパシーであることがわかります。

共感力を磨こう

　そのエンパシー型共感力をどうやって引き上げるかです。メタ認知と同じで、一朝一夕にできるようになるものではありませんが、先にも書いたとおり感情ではなく、想像して理解する能力が共感力ですから、磨けば光るようになります。

　その方法のひとつ目は、日ごろからさまざまな商品やサービスのユーザーになり、ユーザーの立場を自ら経験しておくことです。

　エンパシーとは何ぞや、というのを英語で説明するときには "put yourself in somebody's shoes" というイディオムがよく使われます。ユーザー調査の文脈なら "put yourself in user's shoes" となります。ユーザーの靴を履き（ユーザーになりきって）物事を眺めてみたら何が見えるのか、どこに不満を覚えるのか、どんなときに幸せを感じるのかを想像することがエンパシーです。つまり、調査の対象となる商品やサービスを使った経験があれば、ユーザーに共感しやすくなるという単純な話です。調査をすると決まってから使ってみるでも遅くはありませんが、日ごろからの積み重ねがものを言います。好奇心旺盛に新商品ウォッチをしてください。

Intro.

は
じ
め
に

Chap.
1

計
画

Chap.
2

準
備

Chap.
3

実
施

Chap.
4

考
察

Appx.

　しかし、使ってみるにはお金もかかりますし、ユーザーとして名乗りを上げ
られない商品やサービスもあります。例えば、医療従事者や音楽家といった専
門職の方々が使うことを想定したスマホアプリは、ユーザー登録まではできた
としても、機能を使うための専門知識がなければユーザーになりきることはで
きません。そんなときにも使えるおすすめの作戦は、**小説を読むこと**です。

　良質な物語の世界に入り込み、登場人物の生きる社会を追体験することが共
感力の向上に寄与することを科学的に証明しようとする研究もなされています
(Kidd & Castano, 2013)。優秀な作品を生み出す作家さんは、念入りな取材やリ
サーチをもとに、リアルな世界を描きます。医療現場や音楽の世界を描いた物
語を読めば、専門知識を持った登場人物たちの目を通じてその世界を覗き見で
きるはずです。それを共感のとっかかりに活用させてもらいましょう。

「共感できない」を認めよう

　専門職相手の場合に限らず、どうにも共感できないときはあります。価値観
の違う人や自分には想像するのが難しい世界観の人に対してインタビューをす
る場合もあれば、自分自身で経験することの難しい世界や対象を扱う場合もあ
るからです。

　そんなときに大切なのは、**共感できないことに気づくメタ認知と、それを認
める勇気**です。共感してわかったつもりになることや、共感したふりをするの
はラポールを維持する意味でも好ましくありません。まさにそれをやって失敗
したことがありました。介護に関する調査をしたときのことです。

自分：「わかります、わかります。やっぱり同居している家族への負担は計りしれないですね」

相手：「本当にわかります？」

自分：「……わかる……つもりなんですけど……」

相手：「ご両親はおいくつ？」

自分：「70歳くらいのはずです」

相手：「お元気？」

自分：「はい。おかげさまでピンピンしてます」

相手：「一緒にお住まいなの？」

自分：「いえ……」

相手：「さっきから、わかりますとか、なるほどとか言ってるけど、介護の苦労ってそんなに簡単にわかるものではないんじゃないかしら？」

自分：「………………」

　共感したつもりになって、「わかります」「なるほど」「そうですよね」「たしかに」といった相づちを連発していたら、その共感が本物ではないことを相手に見破られてしまいました。この後、ラポールのたて直しに苦労したのは言うまでもありません。

　この介護の例のように、自分自身で経験したことのない未知のテーマについてインタビューする場合には特に、無理に共感することを目指すのではなく、経験がないから共感できないことを素直に認めることのほうがずっと意味があります。経験者から聞かせてもらえる話がどれほど貴重で勉強になるかを強調し、「もっと詳しく聞かせてください」「素人にもわかるように具体的に教えてください」という弟子の態度で臨みます。

　また、共感が進むと、自分の中で"わかったつもり"になってしまう危険が高まることを忘れないようにしましょう。わかったつもりになると、「聞かなくてもわかっているから省略してしまおう」と考えがちになります。「本当にわかったかな？」「思い込みが過ぎるところはないかな？」と自問しながら問いを紡ぎ出していく慎重さを失ってはなりません。そのためには、調査のテーマがなんであろうと、相手がどんな人であろうと、**共感はたやすくできることではないという前提に立つ**ことが大切です。共感することを目指しつつ、共感していることを前提にはしない用心深さが深い対話を実現する秘訣です。

3.4.3 ふり返りを行って "次" に備える

ふり返りを行って "次のセッション" に備えよう

　時間をかけて練り上げたインタビューガイドがベースにあったとしても、いざ実際にインタビューを行ってみると、この問い方では伝わりにくいとか、この流れでは話しにくそうだったとか、この問いからは発展的な話が聞けそうにないから削ってしまおうとか、そもそも全体の時間に対して質問数が多すぎるなど、気づくことがたくさんあります。前のセッションの出来映えや反省を活かして、次のセッションをより精度の高いものにするために、進行しながら感じたこと、記録をとりながら気づいたこと、観察していて気になったことなどを共有しましょう。

　同席者や観察者からその場で追加された質問があった場合には、以下を確認します。

- その内容は適切だったか
- その問い方は適切だったか
- 聞くタイミングは適切だったか

　場合によっては、次のセッションから必ず聞くことにしようという意思決定もあり得ます。逆に今回の調査ではその点には触れないことにしようと決まるかもしれません。いずれにしても、質問をした人の意図や背景を確認しないことにはどうすべきか答えが出ませんし、次のセッションが始まる前に議論しておかなければ、次でも同じように不適切な問い方がラポールに影響したり、タイミングを逸した介入がインタビューの流れを壊してしまったりといった残念な展開が繰り返されるかもしれません。それを避けるためには、きちんと議論することが大切です。その重要性をしっかり説明し、そのための時間を作ってもらえるよう周囲に呼びかけましょう。

Intro.
はじめに

Chap.
1
計画

Chap.
2
準備

Chap.
3
実施

Chap.
4
考察

Appx.

ふり返りを行って "後続の活動" に備えよう

　インタビューは実施して終わりではありません。例えば機会探索型インタビューであれば、そこで得られた情報を整理して読み解き、どこにユーザーニーズが潜んでいるか、どんなサービスを提供すればそこを埋めるビジネスになり得るかなどを議論して、形にする作戦を練ることがすぐ後に続くはずです。そうした分析と考察については次章で取り上げますが、そこへ進む前に、インタビューを通じて各自が得た気づきを記憶の新しいうちに共有する場が "ふり返り" です。一日の終わりに、あるいはセッションの合い間に、訪問調査の場合には次の訪問先への移動中などを有効に使って、その**ふり返り（"デブリーフィング" とも呼ばれます）**を行いましょう。

　他の人の気づきを知ることで、あるいは他の人が特に気にしている部分を確認することで、次のセッションでは少し違う見方や問い方ができるようになるはずです。

　気づきを共有することで仮説を立てたり、うまくいけばその仮説を検証するための問いを新たに盛り込んだりすることも可能になるかもしれません。ただし、ぽっと出の仮説の検証には注意が必要です。機会探索型のインタビューを意図していたにも関わらず、早い段階で仮説を持ってしまうと、その仮説に縛られて視野が狭くなってしまったり、その仮説を擁護する問いや聞き方が多くなってしまったりする危険性があるからです。確証バイアスが働く可能性を視野に入れたうえで、即席の仮説検証を取り入れるかどうかは慎重に判断しましょう。

Intro.

はじめに

Chap.
1

計画

Chap.
2

準備

Chap.
3

実施

Chap.
4

考察

Appx.

ふり返りを行って "次の調査" に備えよう

　普通に生活をしていると、自分の喋りを客観的に聞く機会はほとんどありません。自分の声がどう聞こえているのか、**自分のしゃべり方が相手にどう伝わるのかを知る**ことはインタビューを学ぶときの最初の大きな一歩です。勇気を出して、録音を聞き返してみましょう。

　思っていたよりも聞き取りにくいと感じた場合は、その原因を自己分析してください。聞きにくさの原因として例えば……

- **声が小さい**
- **滑舌が悪い**
- **声がこもっている**
- **声が低くて暗い**

などが考えられます。原因がわかれば、対策を講じるまでです。次からは口角をあげるように心掛けながら、少しテンションをあげて明るく楽しく話してみましょう。そう意識できるようになるだけで大きな前進です。

　対話のテンポがよくないと感じるところは、相づちの打ち方や "間" の取り

方をふり返ってみましょう。余計な前置きや言葉づかいが誘導になってしまっているところはないでしょうか？　もう少し深掘りできそうだったな……と後悔するところは？　相手からの質問には質問で返せていましたか？

　前半はゆったりと余裕を持ってラポールづくりに努めていたのに、それがたたってか後半になってやたらと自分の話すスピードが速くなっていることに気づくこともあるかもしれません。時間管理の未熟さを自覚する瞬間です。

　メタ認知のところで触れたことのくり返しになりますが、他者の視点が加われればメタに見ることが容易になります。自分ひとりでふり返るだけでも意味はありますが、できるだけ他者を巻き込み、チーム一丸となって調査の質の向上を目指しましょう。

Chapter 4　考察

TEXT：山崎 真湖人、三澤 直加

考察 のチェックポイント

機会探索における考察

- ☐ プロジェクトの状況を踏まえ、適切な探索範囲を認識する
- ☐ 要素を書き出し、親和図法を用いて分析し、解釈を行う
- ☐ 個人ごとの分析と、全体での分析とを組み合わせる
- ☐ 創造的な解釈を行いながら、論理的な説明を組み上げる

タスク分析における考察

- ☐ 人々の行動や思考とその流れを把握する
- ☐ タスクの階層構造を意識し、記述の粒度をなるべくそろえる
- ☐ カスタマージャーニーマップ等で可視化しながら分析する

仮説検証における考察

- ☐ 仮説の正しさを検証し、改善のヒントを見つける
- ☐ 回答の内容を考慮して、仮説の肯定・否定を検討する

報告と共有

- ☐ なるべく素早く、わかりやすい言葉や図を用いて表現し、報告する

4.1 機会探索における考察

Intro.

はじめに

Chap.
1
計画

Chap.
2
準備

Chap.
3
実施

Chap.
4
考察

Appx.

4.1.1 目的

　機会探索のために行うインタビューでは、得られた情報を整理・解釈し、インタビューした人々の生活世界やニーズを考察したり、対象としたモノ・コトに関する新たな気づき・洞察を見つけたり、それらを踏まえて考えた**機会領域**、すなわち、**人々に新たな価値を提供できる可能性のある切り口**を示したりします。得られた情報を整理しただけで機会領域が示されることはまずありません。情報を見ながら、その背景に何らかの課題やニーズが存在するのではないか、という仮説を生み出していく、あるいは、状況を改善させるためのアイデアを考え、そのアイデアの下支えや参考になる情報が得られていないか探しながら情報を見ていく、という創造的な姿勢が求められます。

　探索が許された範囲（想定される問題空間・解空間）によって作業は大きく異なります。例えば "特定の柔軟剤に関してユーザーが期待するイメージ" という比較的狭い範囲での探索から、"シニア世代の女性が初めてのメガネ購入において体験する課題を解消した新たな店舗空間のコンセプト" という比較的広い範囲での探索（しかも解決策の提案まで）、また "新しい化粧品購入体験" という、対象とする人物像や用いる手段、既存の購入体験から離れる距離もこちらに委ねられているような場合もあります。プロジェクトのおかれた状況、関係者の意向を十分に理解し、適切な探索範囲を探ることが求められます。

　"その人々のおかれた状況や抱える問題についてまだよくわかっていない" という状態での調査では、関係者の理解が深まったり新たな気づきを得たりするのは比較的容易です。しかし、専門的に関わってきて既に知りすぎている関係者が "既存の認識を離れた何か新しいもの" を得ようとするのは大変です。発想力と多様なリサーチ力を総合的に用いる複雑思考が求められ、その中でインタビューが使われる、ということになります。

"探索" ということは何か新しいもの、ユニークな発想を狙うことになりますが、ユニークかつ信憑性が高い気づきは容易には見つかりません。信憑性の高い考え方は説得力がありますが、他の人にも気付かれやすく、その機会を活用したビジネスに他社が参入する可能性も高くなります。一方ユニークさを求める場合は、現実を見ながらも現実をあえて離れ、"成立するかもしれない解釈"、"もしかしたら可能性のある機会領域" の仮説を生み出すため、関係者の理解を得ることに苦労します。得られたデータから "他の人が気づいていないニーズ" などを特定できれば有効ですが、それも明らかな事実の発見というよりは "微かな発露" を捕まえてその妥当性を論証する場合も多いです。ある程度 "関係者に受け入れられない可能性" を覚悟しながらの作業となります。

4.1.2 方法

ここでは、一般的な**親和図法**を使った分析について説明します。まずインタビューした相手ごとに、得られた情報を書き起こしておきます。このとき、言葉の重複を除いたり省略を補ったりしても構いませんが、可能な限り事実（発言や観察）に基づいて記述します。

印象深い発見が1つあると、それだけに心がとらわれがちですが、それ以外の発見にも面白い示唆が隠れているかもしれません。面倒ですが、得られた情報や気づきを要素（切片とも言います）としてできるだけ広く、様々な視点で抽出します。要素は付箋紙などに一件一葉で（すなわち、一枚の付箋に多様な情報を詰め込まないで）書き出し、一覧できるよう模造紙や壁に貼っていくといいでしょう。複数の相手に対して行ったインタビュー結果を合わせて分析する際には付箋が増えすぎて収拾がつかなくなるので、話題ごとに分析を分けて行います。気づきには、以下の3つのカテゴリーに属するものが含まれます。

a) **ユーザーの状況と行為**：「○○を持っている」「○○がある」「○○する」など

b) **現状の課題・要求**：「○○が困る」「○○が欲しい」「○○だと感じている」など

c) **価値観や願望**：「こんなふうになりたい」「こんな存在でありたい」など

aよりもb、cのほうが、明確には語られず、解釈に頼ることが大きいでしょう。要素を書き出す段階で、どうしても「きっとこう思っているだろう」と考えた人々の心理を書いてしまいたくなるのですが、それをやってしまうと、何が根拠となるのかを明示することは困難になります。まず具体的な発言として示された事実を整理し、次にそれに基づいて（少なくとも、それと矛盾なく説明できる）洞察を追加していくことで、検証や吟味が可能となります。言い換えれば、各人が思い込みに基づいて議論するのではなく、共通の情報を踏まえた上で適切に学びが進められる、ということです。

　要素が得られたら、並べられた付箋を眺め、何となく似ていると感じるものをくっつけていきます。グループを作っていくのですが、頭で"こんなグループありそう"と考えてから分類・カテゴライズする、ということではなく、まず似たものを集めます。一つ一つの要素を読み、そこから浮かび上がる人の姿や心情を読み取りながら（すなわち、機械的な作業でなく創造性を働かせながら）、似た感覚を訴える要素をグループにするのです。

　さらに、グループごと、要素の集まりが何を意味するのか、という解釈を加え、これも付箋に書いてグループの場所に貼っていきます。例えば、そのような行動をしているのは、どういった価値観を持っているからなのか。または、現状の製品やサービスがどんな制約（ニーズが満たされない状況）を生んでいるためか。どんな状況や、本人のあり方が期待されているのか。その人の言動の背景にある価値観や願望、上位の目的を、物語のように読み解いていくのです。途中では様々な解釈が出てくるかもしれませんが、書かれた要素を見ながら、事実との一貫性や整合性をチェックすることで、どの解釈が妥当かを決めてい

Intro.

はじめに

Chap.
1
計画

Chap.
2
準備

Chap.
3
実施

Chap.
4
考察

Appx.

きます。ある一つの発言からでなく、発言と行動の組み合わせや、異なる場面での複数の発言を見ているうちに、その人の考えていることが何となくわかってくる、ということの方が多いと思います。また、ある発言から浮かび上がる願望と、別の話題での発言とが食い違っているように見えることもあるでしょう。その場合には、こちらにとっては同じような話題に見えても、相手にとっては何らかの違いを持っている、ということが推測される。では何がその違いを生じさせるのか、と考えてグループを細分化してみると、何かヒントが得られそうです。

さらに一つのグループだけを見るのでなく、複数のグループを見ながら何となく気づくこともあるため、似たグループを集めたり、グループ間の関係（対比や並列、時間的変化など）を矢印で可視化したりしながら考えていきます。

分析には大きく分けて、**個人ごとの分析、全体（横串）での分析**の2つのスタイルがあります。全体での分析というのは、すべてのインタビュー対象者から得られた情報を、対象者で分けずに一つに集めて分析するということです。これによって、個人ごとの分析ではクローズアップされなかった事実が浮かび上がってきます。この場合、一貫した価値観で説明できる個人の行動や意識を一旦忘れ、個人ごとの文脈から切り離されたものとしてデータを扱い、全体として構成し直すことになります。脱文脈化・再文脈化を通じて新しい観点での発見が得られる可能性も高まりますが、一方で、無意味な分析となるリスクもあります。フェイクニュースを作る人はある人の発言から部分だけ取り出して別の文脈とつなげて解釈をねじ曲げますが、インタビューの分析においても同様に、勝手な思い込みで斜め読みすると事実とは離れた結論を導くことも可能です。分析者の思い込みによる恣意的なグループ化を避け、データが自然に示唆するまとまりを作っていくことを心がけねばなりません。

多くの場合、結局は個人ごとの分析、全体での分析の両方をやることになります。というのも、しっかりと納得できる発見というのは、個人ごとの分析でも全体の分析でも示せるもののはずだからです。流れとしては、

1）**個人ごとの分析から何らかの仮説を得て、それが全体についても言えるかどうかを確認する**
2）**全体の分析から仮説を得て、それが個人ごとの分析と矛盾しないか確認する**

の双方向があります。これを、出てくる仮説それぞれについて検討しながら、どのように理解・説明すればよさそうかを探ります。例えば、個人ごとの分析を横断的にみると、個人の分析から示されたことが全体に等しく当てはまるのでなく、全体がいくつかの群に分けられそうだ、といったことも見えてきます。Excelなどを用いる場合、話題ごとにそれぞれのインタビュー相手がどのような意見を述べていたかを並べて書き出していくのもいいでしょう。そのうえで、似た意識や意見を持っている人たちをグループ化して、調査結果全体をいくつかのグループとして総括することができます。

　ここで述べた方法だけでなく、本格的な**KJ法**に則った分析や、**KA法**による分析も有効でしょう。テーマや分析を行うメンバーによっても、最適な分析方法は異なります。例えば多様な人が一緒にデータを見ながら分析したい、といった場合には、なるべくとっつきやすい方法を選びます。

　オンラインホワイトボード（Miroなど）を用いることも有効です。紙の付箋に文字を書いて大量の要素を作るのは大変ですし、それなりの場所も必要です。MiroではMicrosoft Excelのセルに書かれたテキスト群を一気に付箋に変換してくれる機能があり、いちいち手書きする方法に比べ断然効率的です。また、ズームの操作が直感的で、多くの付箋を並べて作業するのも苦になりません。ただし、デジタルで行う場合はつい一枚の付箋に多くの文字を詰め込んでしまったり、たくさんの付箋を作ってしまったりしがちで、これによって俯瞰的な思考がしにくくなるなどの問題が生じるため、注意が必要です。

　機会探索ではインタビューで得た共感が冷めないうちに分析を行うことが大切です。個人ごとの要素抽出や基本的な分析は、インタビュー当日、あるいは翌日には行っておきたいものです。

　機会探索をする、ということは、これまで見えていなかったものを見つける、言い換えれば、これまでとは異なる世界の見方を手に入れる、ということです。これまで知らなかったことを知り、さらにそれを、これまで知っていたことと整合するように位置づけ、全体として新しい理解が得られれば、無理して発想などしなくても、提供すべき新しい価値は自然に見えてきます。このとき、独自の分析方法や表現形式が必要となることもあるでしょう。既存の手法や枠組みは参考例として使い、自分たちが納得のいく理解や表現の仕方を見つけられれば、それがベストです。

　調査結果からちょっと先の未来を予見する、これまでにない発想の種を見つ

Intro.

はじめに

Chap.
1
計画

Chap.
2
準備

Chap.
3
実施

Chap.
4
考察

Appx.

ける、といった場合には、得られた情報をそのまま素直に解釈するだけでなく、ちょっと深読みをして、「もしかしたらこうかもしれない」という、誰もが賛同するわけではない解釈を展開することもあります。探索とはひとつの正しい答えではなく複数の仮説を見つけることなのです。このような創造的な解釈を行う際でも、その解釈を関係者が納得できるよう説明する必要があります。できれば論理的に、根拠と思考の道筋を示しながら、自分の仮説（このように解釈できる、このような機会領域が考えられる、など）を提案します。必要に応じて、専門家による記事・論文や、アンケート調査の結果、統計資料など、考えの下支えとなる情報を調べ、根拠として示します。根拠がなくても、「そのように考えることで、こんなアイデアが考えられる」とアイデアを先に示してしまうことも有効です。とにかく、あなたの見つけた仮説が希少（他の人が気づきにくい）であればあるほど、他者には理解されないことも多いですから、がんばって説明しましょう。

　同時に、検証されていない考えはあくまで仮説なので、いくら自信があっても、絶対にそうだ、と決めつけるのは避けましょう。仮説とその展開の可能性を示すだけでも、機会探索としては成果です。チームが捉える認識を拡げたことになるのですから。言い方を変えれば、解釈やアイデアはいくら冒険的でも後で検証すればよいのです。特に機会探索のフェーズではインタビューで得られた情報からイメージを膨らませ、自由に考えてみることも必要です。

　複数の視点を持ち込むため、創造的な分析はできれば複数の分析者で行うことが理想的です。また、分析過程は言葉で伝えにくい面もありますので、製品責任者などキーとなる関係者に参加してもらい一緒に行えれば、その場の状況を踏まえてこちらの考えも理解してもらえるのでスムーズです。

4.2 | タスク分析における考察

Intro.

はじめに

Chap.
1
計画

Chap.
2
準備

Chap.
3
実施

Chap.
4
考察

Appx.

4.2.1 目的

　タスク分析における考察では、ある人々の行っている、あるいは行う必要の
ある活動をすべて洗い出し、製品やサービスが提供するべき機能や情報を明ら
かにすることが目的となります。

　新しい製品やサービスの設計では、利用者が現在行っている活動を把握し、
新しくなった状況でもそれが同様に行えるよう機能を整えます。ただし、全く
同じことができる必要はなく、一段抽象化して、行動の目的や価値のレベルで
考えます。例えば文書を作成する際に"読者にとってのわかりやすさ"を気に
していたり、"文書を素早く作れること"を期待していたりする、ということが
わかれば、文書作成ソフトを設計する際には、利用者がわかりやすい文書を
作ったり、効率よく作業ができるようにしたりする機能を考えることができま
す。

4.2.2 方法

　タスク分析では人々が具体的にどんな活動（思考や行動）を行っているのか、を洗い出して整理します。人が行う活動のことを**"タスク（task）"**と呼びます。タスクには、考える、思い出すといった（狭い意味での）認知的な活動、運ぶ、持ってくるといった身体的な活動、話す、調べるといった、その両方を含む活動、など様々なものが含まれます。タスクは、時間的な段階（ステージ）や目的−手段の関係を持った多層の階層を持っています。例えば、旅行する、という活動には、計画する、準備する、出発する、移動する、宿泊する、戻ってくる、後片付けをする、などのステージが含まれますし、準備する、の中には、移動手段や宿泊を予約する、着替えや携行品をまとめてバッグに入れる、という活動が含まれるでしょう。

　このため、意外と難しいのが、**扱うタスクの粒度（抽象度や詳細度のレベル）を揃える**、ということです。様々なレベルを持った活動のうち、人々が活動を意識する際に適度なレベルのものを"タスク"として扱うことにします。明確な基準ではないので難しいのですが、何となくレベルの統一を意識しながら、タスクの全体像を整理していきます。プロジェクトで今、どんな解像度の情報が求められているのかによっても、適切な粒度は異なります。例えば、プロジェクト初期段階で「そもそもどんな活動が行われているか」を知りたいときには粗い粒度、詳細なUIデザインを詰める段階では、どんな操作をどのくらいの頻度で行っているか、といった細かな粒度での分析が求められるでしょう。

　活動の内容は個人ごと異なる可能性がありますが、比較的上位の目的を考え、全体像を捉えることが大切です。機能を検討する際には、現在行っている活動と全く同じことができるようにするのではなく、現在の活動を抽象化したレベルで捉え直した上で、それをより効果・効率の高い手段で置き換えることを考えます。そのため、抽象度の低い個別具体の内容よりも、結局どんな状態が求められているのか、という上位目的が知りたいのです。また、単独の機能ではなく全体を把握して機能の重み付けを特定する必要があるので、全体観が求められます。様々な活動からタスクのまとまりを見出す際には、『**4.1 機会探索における考察**』（P.207）でも触れた親和図や、活動を目的の階層に従って整理する階層図を用いた分析を行います。

活動の流れに注目して分析する際は、複数の人からうかがった活動の流れを総合して典型的なものを作り、カスタマージャーニーマップやUMLのアクティビティ図の形式に表現します。カスタマージャーニーマップは主に単独の人の活動の流れを、行動・思考・感情の観点で記述する表現形式で、体験の流れをわかりやすく示したり分析したりすることができます。アクティビティ図は複数の人がやり取りしながら活動が進められる様子を表現する際にも向いていますが、感情を表現する記法は用意されていません。分析の目的に合った手法を選んだり、記法を組み合わせて目的に合った独自の図を作成したりしながら、できるだけ見て活動の様子がわかる可視化を行ってください。言葉だけで表現された情報を見ながら分析するよりも、可視化されたものを見て分析を行うことが大切です。これによって活動を捉えやすくなるだけでなく、複数の人が活動の様子を共有し、議論しながら多視点で分析を行うことも容易になります。業務アプリケーションを設計する際には、BPMN（Business Process Model and Notation）といった、複雑な業務の流れを詳細に記述できる方法も使われます。

　仕事に関する情報や、地域コミュニティで行われている活動を調べる際には、それぞれのタスクを誰が行っていて、それぞれの人がどんなタイミングでどんなやり取りをしているのか、やり取りする手段は何か、といったことも重要です。複数の人が関係する一連の活動を調べる際には、ステークホルダーを書き出して、各ステークホルダーの間にどんな関係（情報、価値、権力関係など）があるのかを図示しながら分析します。細かく言えば、ステークホルダー間の価値のやり取り（比較的長期に渡る関係）と、特定の作業を実行する際のやり取り（情報やモノの流れ）とは、それぞれ分けて分析します。

　ただし、得られた調査データから結論としてどんな活動の構造や流れを示すか、という問題は、製品やサービスを用いた際の操作フローの設計、提供する機能の設計に影響する問いとなります。人によって活動が異なっていた場合、誰の（例えば熟練者の、または初心者の）活動の流れを基準に考えるのか、という判断は重要で、それは製品やサービスの方針を踏まえて考えます。

Intro.

はじめに

Chap.
1
計画

Chap.
2
準備

Chap.
3
実施

Chap.
4
考察

Appx.

4.3 | 仮説検証における考察

4.3.1 目的

　仮説検証型の調査の目的は言うまでもなく、当初仮説として考えていたことが正しかったのかどうか、明確にすることです。さらに、自分たちの仮説が正しかったのなら、どうすればもっとよくなるのか、間違っていたのであれば、本当はどう考えるべきだったのか、をできるだけ示し、プロジェクトを先に進める手がかりを提供します。

4.3.2 方法

　インタビューでは、それぞれの仮説を確かめる質問を行っているはずですから、基本的には、個々の質問に対する回答が仮説を肯定するものだったか、否定するものだったかを判定しながら整理していきます。『**1.3.3 仮説検証のインタビューを設計する**』（P. 053）で説明したように、あるアイデアに関して幅広い人々からポジティブな評価が示された、という場合もあるでしょうし、ある特定のタイプのユーザーや状況においてはアイデアが支持される、という結論が示される場合もあるでしょう。

　10人にインタビューを行って、10人から同じように、アイデアを支持する回答が得られた場合は悩むことはありません。しかし4人が肯定的、2人は否定的、残りの4人は肯定でも否定でもない、といった場合はどうしましょう。少人数に対して行った調査では人数の比率はさほど決め手にはならず、発言の内容を見て考察を行うべきです。そもそも1人の方の発言の中にも、肯定的な意見と否定的な意見とが混ざっていることもありますから、人の数や比率は目安にすぎず、誤った認識につながる危険もあります。回答者の態度、言外の意見表明を踏まえて、それぞれの回答がどんな背景から来ているのか、主観的評価

を示す際にどんな思考過程がなされたと解釈できるのかを分析します。回答によって回答者をカテゴリー分けしてみて、参加者の行動傾向やプロフィールから、カテゴリーごとに何らかの傾向が読みとれないか調べます。例えば男女で回答の傾向が異なる場合には、「男性には……の理由で支持されたが、女性からは……のため否定的な意見が多く聞かれた」のようにまとめることができます。なお、肯定でも否定でもない、という意見が多かった場合は、行った質問が参加者にピンと来ていなかった、どうでもいいものであった可能性があります。

　否定的な意見が相対的に少人数から提示されたといっても、その内容が致命的であったり、普遍的な課題であったり、という場合には注意が必要です。少人数を対象としたインタビューでもそのような意見が得られた、ということは対象を拡大するとさらに多くのネガティブな評価があり損害につながる可能性もあります。アイデアの根本的な見直しが必要かもしれません。

　仮説検証のインタビューを行う場合、プロジェクトの中には自分たちの製品・サービスはとてもよいものだ、という信念を持っている人がいる可能性があります。無用な反発を避けるため、プロジェクトについて仮説を否定する結果を示す際には表現にも配慮します。無神経なダメ出しを行うと、こちらの不備を突いて「そんな調査はあてにならない」と反発されて、お互い損をすることになります。

Intro.

はじめに

Chap. 1

計画

Chap. 2

準備

Chap. 3

実施

Chap. 4

考察

Appx

4.4 報告と共有

4.4.1 形式を整える

　報告の方法には、報告書にまとめて送付する、会議でプレゼンテーションする、インタビューの様子を録画したビデオを見せて解説する、など、目的や状況によって様々なものがあります。報告の形式によって表現の違いはありますが、基本的に備えるべき項目は以下のとおりです。

- 背景（製品やサービスの概要、インタビューが求められた理由、関係者、日程など）
- インタビューの目的
- 得られた主な示唆
- 方法（主な話題、インタビュー参加者の条件と人数、その他方法について）
- 結果（わかったこと）
- 考察／分析
- 結論、示唆（提案など）

　こうした形式が整えば、報告書・プレゼンテーションとしての条件は一つクリアです。

4.4.2 素早く報告する

インタビューに他の関係者が同席していて、その人がきちんとした分析の方法を知らず、断片的な情報に基づいた理解や早合点で偏った解釈をメールなどで広めてしまうことがあります。誤った解釈でも "インタビューからわかったこと" として先に報告されると、それを読んだ人々は「なるほど」と信じてしまい、後から似たような（しかし内容は異なる）報告書が送られても、「このインタビューについては先日読んだから」と無視されるかもしれません。後から「私の解釈の方が適切なんです」と言っても、それを証明するのは困難です。こんなことがないためには、誰よりも先に報告する以外にありません。「一緒にレポートをまとめましょう」と言っておいても、おそらくよかれと思って勝手にメールを送る人もいます。全体の幸福を考えれば、**適切に分析できる人が正しい情報を素早く出す**のが最善です。

Intro.

はじめに

Chap.
1
計画

Chap.
2
準備

Chap.
3
実施

Chap.
4
考察

Appx.

インタビューの結果や進行状況を待ってくれている関係者には、その日得られた情報を手短にまとめた**"速報"**を送るとよいでしょう。やっているよ、ということを伝え、期待感を維持することができます。その後で、一連の調査結果をできるだけ早く分析し、最終成果物を提出します。分析は深く行おうとするといくらでもでき、いくらでも時間がかかります。かといって、品質（データを有効に活用した度合い）が時間に比例して向上するわけではありません。インタビューの規模にもよりますが、インタビュー実施後3日〜1週間を目処に最初の報告書を提出するようにしましょう。

4.4.3 わかりやすい言葉を練る

　インタビューの主なデータは言葉です。すでに指摘したように、言葉は文脈の中で解釈される、という性質があります。インタビューを行って、分析の流れもすべてわかった自分にはすんなりと理解される言葉でも、報告書に書いて他の人が読むと何のことかまったくわからない、ということもあり得ます。インタビュー結果を書き表す際には、意図を汲みとって情報を補い、慎重に言葉を練って、このインタビューのことをまったく知らなかった人でも理解できるようにしましょう。

　といっても、自分ではすんなり理解できる内容でしょうから、報告書のわかりにくい部分に気づくのはなかなか難しいことです。対策の一つは、書いたものを幅広い関係者に公表する前に、プロジェクトの内容をあまり知らない同僚にひと通り読んでもらったり、プレゼンテーションを聞いてもらったりして、わかりにくい部分、疑問に感じた部分を教えてもらうことです。部署内でレビューをすると、自分のやっている仕事を周囲にも理解してもらえるため、一石二鳥です。

4.4.4 ダイアグラムを使う

　インタビューの分析は、得られた複雑な情報をどのように理解したか、これを踏まえて、何が示唆されるのかを導く作業です。きちんと段階を踏んで、論理の飛躍なく理解できているなら、その分析の流れ（**論理構造**）を図に描けるはずです。また、複雑な調査結果の全体を整理して伝えるときにも、図にまとめるとわかりやすくなります。情報間の関係を図示する**ダイアグラム**は、ひと目ですっきりとわかってもらえ、その後の検討などでも使ってもらいやすい、有効な表現形式です。親和図やカスタマージャーニーマップなど、分析の成果物も活用しましょう。

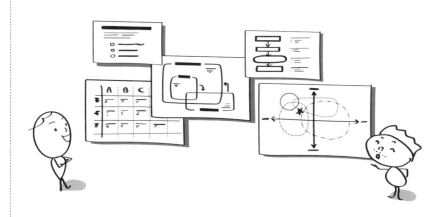

Intro.

はじめに

Chap.
1
計画

Chap.
2
準備

Chap.
3
実施

Chap.
4
考察

Appx.

4.4.5 参加者の生の声・写真を活かす

　インタビューの様子を撮影した写真や、相手にいただいた印象的な発言をそのまま引用すると、報告書を読む人に**現実味**が伝わります。参加者自身の言葉は、苦労して練った分析結果の表現よりも、報告相手に覚えられ、活用されるように感じます。厳しい指摘をいただいたときの相手の表情、資料を指差しながら丁寧に教えてくださる様子、アイデアをホワイトボードに書いて説明してくださる姿などの写真は、インタビューを行った自分にとってもよい記録になります。

Appendix

TEXT：山崎 真湖人、奥泉 直子、三澤 直加

A.1 インタビュー活用の例

ここでは、インタビューを使ってサービスのコンセプトを作り上げるプロジェクトのイメージを持っていただくため、架空のストーリーを示します。

A.1.1 機会探索

最近、テイクアウトやデリバリーに対応する飲食店が増えています。しかしそれに伴い、配達や容器で飲食店の負担は高まり、捨てられるプラスチックごみの量も増えており、地球環境に対して意識の高い消費者や自治体は懸念を持っています。しかしこの段階では「いろんな人が何となく問題を持っていそう」ということがわかっているだけで、具体的に誰のどんな問題を解決するべきなのか、はっきりしません。事態を何か変えるためには、問題を明確にする必要があります。

テイクアウトやデリバリーに関わる主要なステークホルダーは、飲食店、飲食店の利用者、ごみ処理に関わる自治体です。現状を知るため、それぞれに対して機会探索型のインタビュー調査を行います。

飲食店はテイクアウトやデリバリーという新たなスタイルにスムーズに対応できているでしょうか。どんな苦労や難しさがあるのか。うまく対応できていない飲食店があるのなら、それはどんなお店なのか。例えばお店によっては、食事を提供するだけでなく近隣の皆さんの集う場（コミュニティーのハブ）としての役割を持ったところもあるでしょう。感染症拡大の影響により業態が変わる中、そうした飲食店では自らの役割をどのように捉えているのか。このように、少し話題を広げて話をうかがいながら、デリバリーという話題の周辺で何が起こっているのか、どんな問題があるのかを探ってみたいところです。飲食店の方にお話をうかがうインタビューガイドは、以下のようなものになりました。

1. **お仕事の内容：まずはお店の概要をうかがう。お店の独自性や特徴と思われる点は深掘り。**
   - どんなものを提供しているお店ですか。働いていらっしゃる方は何人ですか。
   - メニューを教えてください。一番人気がある（売れている）のはどのメニューですか。
     ……

2. **デリバリー（配達、出前）**
   - デリバリーの対応はなさっていますか。
     ［デリバリーを行っている場合］
       - いつから行っていますか。何のデリバリーを行っていますか。
       - 配達は誰が行うのですか（店員、他の業者への委託など）。
         ……
     ［デリバリーを行っていない場合］
       - デリバリーを行っていない理由は何ですか。

3. **テイクアウト（持ち帰り）**
   - テイクアウトでの料理の販売は行っていますか。
     ［テイクアウトを行っている場合］
       - いつから行っていますか。どんなものをテイクアウトで販売していますか。
       - 多い日ではどのくらいの数を販売していますか。少ない日ではどのくらいでしょう。売り上げ全体のどのくらいの割合ですか。
         ……
     ［テイクアウトを行っていない場合］
       - テイクアウトを行っていない理由は何ですか。

4. **デリバリーやテイクアウトに関する考え**
   - デリバリーやテイクアウトを行うとき、特に気をつけていることはありますか。
   - デリバリーやテイクアウトを行うようになって、何かいいこと（お店や自

Intro.

は
じ
め
に

Chap.
1

計
画

Chap.
2

準
備

Chap.
3

実
施

Chap.
4

考
察

Appx.

分にとってプラスになること）はありましたか。

- 逆に、デリバリーやテイクアウトについて、困っていることや、大変だ、やりにくい、または心配している点などがあれば教えてください。
- 容器はどんなものを使っていますか。その容器を採用している理由を教えてください。
- 地域の人々から、デリバリーやテイクアウトのサービスについて何かご意見やリクエストをもらったことはありますか。あれば教えてください。
- 使い捨てのプラスチック容器について、プラスチックごみが増えることを問題と捉える人もいます。一方で、コストや使い勝手の面から、プラスチックはとても役に立つ素材です。使い捨てプラスチック容器の使用について、ご自身ではどのようにお考えでしょうか。

　プラスチックごみに関して最初から話題にすることは避け、まずは現在の状況についてお話をうかがうことにしました。人々に食べ物を提供する、とはどんなお仕事なのか。どんなご苦労や関心事があるのかをうかがいながら、その中で、パッケージに入れて食べ物を販売する、ということがどんな意味を持つのか、徐々にわかってくるのではないか。懸念事項を聞く中で、もしプラスチックごみに関連する話題が出てくれば、その話題を気にしていると解釈できます。一方そうした話題が出てこなかったとしたら、さほど重要なこととは感じていないか、あるいは逆に後ろめたさを感じるなどとても気にしていて、話題にしたくない可能性もあります。そうしたことも、背景を理解しなければ、自分たちなりに解釈できません。外から問いを投げて、それに対する直接的な回答に期待するのではなく、**その世界の文化、その文化における当たり前（語られないこと）を理解して、その中で考える**、というのが、こうした調査での適切な姿勢です。

　インタビューは事前に承諾いただいたお店に訪問して行います。お仕事の現場を見て作業のイメージを持ちたいからです。規模や飲食店のカテゴリーごと（和食、中華、イタリアン、洋食など）2店ずつに協力をいただき、店長など管理的な立場にある方に30分ほどお話をうかがいました。10件ほど話を聞いていくと、お店の大きさは違っても同じような話題が聞かれることも、まったく違う意見が聞かれることもあります。調査を進めながら自分たちの考え方、捉え方も変わるので、質問の観点や問いかけ方も変わってきます。

インタビューで得られた情報は調査実施と並行してなるべく早く、できるだけすべてテキストで書き出していきます。そのテキストを要素に分けて付箋に書き写し、似た話題ごとに**親和図**で整理してゆくと、例えば、小規模の店舗では販売数は少ないが近隣のリピート客を中心に、デリバリーでなくテイクアウト販売を行っている、といったことが見えてきます。駅前など街の中心部の飲食店はデリバリーも行っていますが、容器代や配達のコストがかさみ、ただでさえ減っている収益を圧迫しています。多くの飲食店が市民の食生活を支える存在としてプライドを持ちながら、苦しい中でも経営を維持しようとしている様子が聞かれました。

A.1.2 タスク分析

　機会探索型調査の結果を自治体の職員の皆さんに話してみると、会話の中で支援事業のアイデアが出てきました。地域の飲食店が使うお弁当の容器を規格化し、登録した複数の飲食店で使い回す。それを自治体が支援する、という事業です。宅配や食品の宅配・容器の回収・洗浄も自治体が地元企業と連携して、確実に行います。公的資金をてこに飲食店のコストを下げながら、加盟するお店の広報も行い、経営に困っている飲食店の存続を助けるとともに、使い捨て容器の廃棄によるプラスチックごみの増大も防ぐことを狙います。

　何となくよさそうなアイデアではありますが、詳細をどのようにすべきでしょう。本当に実現可能でしょうか。この事業のより具体的な内容を検討するため、興味を持ってくれた自治体の職員の方と一緒に、タスク分析型のインタビュー調査を行なおうと考えました。

　その前にまず自治体の課題について、この事業が想定している飲食店やごみ処理の実態を確認したいところです。例えば廃棄されるプラスチックの量は増えているでしょうか。そのうち、テイクアウトやデリバリーの増加によって増えたと言えそうなのはどの程度でしょう。自治体にとっての事業の価値を簡単に見積もるため、こうした前提となる情報は、自治体内の担当者にヒアリングするなどして確認しておきます。

　さて、具体的にはどんなサービスにするべきでしょうか。多くの飲食店に参加してもらえるようにするためにクリアすべき条件は何でしょう。食品を入れる容器はどんなものを何種類揃える必要があるのでしょうか。これらを考える

Intro.
はじめに

Chap.
1
計画

Chap.
2
準備

Chap.
3
実施

Chap.
4
考察

Appx.

ためには、デリバリーやテイクアウトを行っている飲食店の業務をより細かく知る必要があります。例えば業務の流れや作業の場所、気をつけていることなどを理解します。インタビューガイドは事前のヒアリングを行いながら、詳細なものを用意しましたが、その一部を示すと以下のようなものです。

- 作業の流れを教えてください（例えば 販売予測、仕入れ、容器の準備、受注、調理、箱詰め、配達・引き渡しなどの各ステップを想定して聞く）。
- 配達は誰が、どんな移動手段で行うのですか（店員、他の業者への委託など）。
- 加熱して作る料理の場合、料理を作ってから容器に入れるまで、どのくらいの時間をあけますか。冷ます必要があるのはどんな場合でしょうか。冷ます際にはどのようにしていますか。
  ……
- デリバリーやテイクアウトに必要な作業で、特に失敗しがちなこと、気をつけて行っていることはありますか。
- ビジネスの観点で恐れている問題やトラブルとしては、例えばどんなことがありますか。
- 容器を選ぶ際には、どんな点を考慮しましたか。
  ……

インタビューの実施後、それぞれの飲食店で行われている作業とその流れをフローチャートのような図に整理してみました。お店によって細かな違いはありますが、共通点に注目しながら、作業の流れを集約してみると、常連のお客さんが中心の店と、幅広いお客さんを相手にしているお店とではお仕事の仕方や考え方が異なるようです。幅広いお客さんには、食べ物が目に見えてすぐに購入できる透明な使い捨て容器でないと対応が難しい様子。一方、常連のお客さんを相手にするお店では、相手によって内容の詰め方を変えたり、ちょっとした会話を楽しんだりしながら販売しているようですから、その場で料理を詰める方式でも受け入れられる可能性が見えました。また注文を受ける部分や配達、集金、容器の回収などにはコストがかかっており、必ずしも最適な業務とはなっていないようです。

調査結果を踏まえて、サービスの概要を以下のように定めました。

- 容器はお弁当用、汁物用、主菜用、副菜用の4種類。中身が見えるよう、ふたは透明。お店のブランドと中身を示せるよう、ふたの一部にはがせるタイプのシールを貼り付ける場所を設ける。はがれないようしっかりと、一つひとつ異なる二次元バーコードが貼ってある。これを、市の呼びかけに応じた加盟店が共有して利用する。
- 利用者は専用スマホアプリで、注文内容と届け先の場所を入力する。飲食店ではそれを飲食店用のアプリで確認する。
- お店で容器に料理を入れるとき、容器の二次元バーコードをスキャンすることにより、どのお店から誰に届ける何の料理がそれに入っているのかを関係者の誰もが確認できる。
- 料理が確実に届けられたことを確認するため、利用者のスマホに二次元バーコードを表示し、配達者がそれを自分のスマホでスキャンする。
- 店ごとの容器の在庫や補充のタイミングをデジタルで管理し、容器の不足を避ける。
- 利用者は配達の状況（調理終了タイミング、配達途中の位置情報）をスマホのアプリでチェックできる。またアプリを通じて、味や配達の評価を入力することで、割引ポイントを獲得できる。利用者はいずれかの加盟店への持ち込み、またはアプリを通じた回収のリクエストにより、容器を返却する。容器の返却時に、オンラインで割引を受けられる。

A.1.3 仮説検証

ここまで考えても、仮説は仮説です。知っている範囲で想定できる懸念には対応を考えましたが、自分たちが想定できていないこともあるでしょう。この全体の仕組みのうち、誰かにネガティブな影響が生じるなんて想定もしなかった部分でも、それが例えば利用者に嫌われてサービスがうまく広まらない、ということもあります。次の調査では、現在考えている事業の主な特徴をステークホルダーとなる人々に示しながら、反応をうかがい、この事業が受け入れられそうか、何か見落とした点がないか、どんな人に最も気に入ってもらえそうか、などを調べることにしました。

仮説検証のインタビューでは、考えている製品やサービスのすべての機能・

Intro.

はじめに

Chap.
1
計画

Chap.
2
準備

Chap.
3
実施

Chap.
4
考察

Appx.

特徴について確認することは困難です。インタビューは時間的に制限がありますし、これから作るものについて、現時点で詳細に説明して意見をいただくのは大変です。こちらからうまく伝えられない、相手もしっかりイメージできないことについて調べて、その回答を信用するのは危険でもあります。それよりも、現時点でここが間違っていると後で修正が大変だ、とか、対象とするステークホルダーやビジネスモデルが大きく変わりそう、とか、ここはどっちにするか迷ってこっちにしたけど本当にこれでいいのか迷っている、といった、重要なポイントに絞って、そこをしっかりと、背景や理由を含めて確認する方が有効です。常にリスクのある点を議論して特定し、その部分の不確実性を減らしてゆくことは、新しいことをやる上で必須の作業です。

　このサービスの大きなリスクは、「使い捨てない」というコンセプトそのものに対する評価でした。容器を洗って使い回すことで、利用客の手間が増えたり、衛生的にケアすべき点が増えたり、といったさまざまな面倒が増えます。容器を捨てない、ということであれば、お店で独自に容器を決めて、使い終わったら戻してもらってもいいわけです。地域の飲食店がつながって皆で取り組む、ということに、どれだけの賛同が得られるでしょう。

　作成したインタビューガイドのうち、この点に関連する質問は以下のようなものでした。

- まず、働いているお店のことについてうかがいます。
  - こちらでお店を始めてどのくらいになりますか。
  - 最も人気のあるメニューは何ですか。
  - お店で大切にしていることは何ですか。
  - デリバリー、出前は行っていますか。持ち帰りのみのお客さんにも対応していますか。
  - ごみを減らすため、お店で何か実行していることはありますか。
    ……

- この事業は、デリバリーや持ち帰りに使う食品容器を複数の飲食店で共有し、洗浄して繰り返し使う、というものです。
  - 何か質問はありますか。この内容について、あなたはどうお感じですか。

Intro.

はじめに

Chap. 1 計画

Chap. 2 準備

Chap. 3 実施

Chap. 4 考察

Appx.

- この事業では、お店に代わって自治体の特定する企業が容器の回収・洗浄を引き受け、その費用も自治体が負担します。
  - 何か質問はありますか。この内容について、あなたはどうお感じですか。

- この事業に参加した飲食店は、この地域のプラスチックごみ削減に貢献するお店として自治体が宣伝などの協力を行います。
  - 何か質問はありますか。この内容について、あなたはどうお感じですか。
    ……

- 全体として、このような仕組みについてどうお感じでしょうか。
  - 何か質問はありますか。
  - このお店では、このような仕組みに参加することはできそうですか。もし懸念があるとすれば、どのような点が問題になりそうでしょうか。

　単にサービスの内容を話して「この仕組みに参加したいと思いますか」と聞いても、この事業のどこに価値を感じたのかわかりません。また、もしその質問に対してイエスと答えた人が多かったとしても、懐疑的な人から「それは事業の内容をよく理解できず、さほどいいと思わないけど否定する要因も見つからない、という程度だったんじゃないの」なんてツッコミを入れられたときに、返す言葉がありません。想定している様々な特徴をそれぞれ意識してもらった上で、個別に意見を求めます。また想定されるリスクも明示し、考慮した上で最終的に参加の可能性をうかがいます。総合評価を求めるのであれば、最初に印象で答えてもらい、質問をうけて何が真っ先に気になるのかを理解し、より詳しく説明してコメントをもらった後、最後にもう一度全体を評価してもらうとよいでしょう。

　また、このサービスの最大の狙いであるプラスチックごみの削減については、一般的によいこととされているので、自分はさほど意識していないのに、「いいですね。私も参加したいです」などと前向きな反応をしてしまうかもしれません。お店の概要をうかがう中でさりげなく、ごみの削減に関して実際に行っていることを聞き、関心の高さを何となくつかんでおきます。ごみの問題に関心の高いお店がどのくらいあるのか、そのお店の方がこの事業をどう評価するのか、が最も知りたいことです。

なおコンセプトの検証を行う際、こちらからサービスの狙いや考え方を伝えて評価してもらうと、論理的に納得させられてしまったり、提供者の思いに共感してサービスそのものの評価が甘くなってしまったりします。これでは調査の精度が下がり、サービスをさらによくすることにはつながりません。**狙っていることや価値観は、機能や特徴から滲んでくるような設計になっていることが理想です。**こちらから意図は説明せず、内容（機能や特徴、活動の流れなど）だけを伝え、それで興味を持ってもらえるのか、狙った価値が伝わるのかをまず試します。価値が伝わっていないようだったらこちらの意図を説明し、それに対する相手の評価を調べます。こうすることで、狙いそのものがよくないのか、狙いが伝わらないだけなのか、あるいはそれ以前に設計そのものがまずいのか、わかります。

　調査の結果、飲食店によって反応は異なることがわかりました。経営状況や人件費を含めたコストを特に気にしているお店は、容器の回収や洗浄に懸念を示し、お客さんにも回収に伴う手間をかけさせたくない、との評価でした。その気持ちもよくわかります。一方で、意義に共感して高く評価してくれるお店も全体の1/4ほどありました。そうしたお店は、地域の人々との関わり合いを大切に捉え、ごみの問題にも普段から自分たちでできることに取り組んでいるようなお店です。自分たちだけでは、使い捨てでない容器の使用が望ましいと思いながらも、コストなどの障壁が高かった、それが今回考えている仕組みによって実行可能になる、と評価してくれました。

　地域の他のお店、住んでいる人々と協力しながら、より望ましい社会のあり方に向けて一緒に進みたい。そう思ってくれる飲食店がある、と分かったのは、自治体の推進メンバーにとって大きな収穫となりました。地域が変わるための小さな一歩として、賛同してくれる一部の飲食店とまずはスタートしたい。その中で市民に理解を広げ、参画する飲食店を増やし、自治体が後押ししながらみんなで循環型社会の実現に貢献してゆこう、と、今後の活動のロードマップが見えてきました。

　インタビューを行ってみると、否定的な反応も受けますが、肯定的なコメントをいただいて自分たちの考えに自信が持てる、あるいは、思っていた以上に価値のあるもののように思われてきて、プロジェクトに勢いがつく、ということもよく体験します。

A.2 インタビュー調査 計画書

Intro. はじめに

Chap 1 計画

Chap 2 準備

Chap 3 実施

Chap 4 考察

Appx

『**1.1.3 計画書を作成する**』(P. 033) で解説した計画書の例です。『**A.1 インタ
ビュー活用の例**』(P. 224) の話題に関連していますが、この計画書は飲食店の
方ではなく、デリバリーやテイクアウトを利用する一般消費者に対するインタ
ビューを想定したものです。『**A.3 インタビューガイド**』(P. 235) は、この計画
書を前提に作成されています。

インタビュー調査 計画書

■目的

　飲食店の提供する料理のデリバリーサービスやテイクアウトに用いられる使い捨て
プラスチック容器の量を削減したい。そのためにどのような施策が適切かを検討する
ため、インタビュー調査を行い、主要なステークホルダーと考えられる利用者の状況
とニーズを理解する。

■背景

　新型コロナウイルス感染症の感染拡大により、飲食店は営業時間の短縮や店内飲食
客を減らす対応を求められている。このため、食品のデリバリー（宅配, 出前）やテイ
クアウト（持ち帰り）に活路を見出す飲食店も増えている。

　一方で、海洋や大気の汚染状態改善、カーボンニュートラルへの取り組みとして、自
治体ではプラスチックごみの削減を進めるべきである。プラスチックごみ全体に占め
る食品容器の比率は拡大しており、その原因の一つとされる食品のデリバリーやテイ
クアウトで使われる使い捨てのプラスチック容器についても、対策を講じる必要があ
る。地域の飲食店の持続可能性と、プラスチックごみの削減とを両立させ、飲食店を
利用する市民にも負担のない仕組みが求められる。

　まずは食品デリバリー、テイクアウトに関する利用者の状況を把握し、適切な対応
施策(サービス事業)の検討を進めたい。

■方法（調査対象者の属性と数、場所、謝礼など）

　調査対象者：料理のデリバリーやテイクアウトを日常的に利用する人。10人程度
　時間：1件約60分(事務手続きなどを含む)
　場所：オンラインでのインタビュー
　謝礼：1件5,000円(Amazonギフト券でのお支払い)

■主な話題

- 人々が飲食店のデリバリー、テイクアウトをどのように利用しているか (頻度, 利用目的, 注文方法, 利用する理由, 利用する飲食店の特徴など)。

- 利用に際して、どのような課題や懸念を持っているか。

- 使い捨てのプラスチック容器が用いられている場合、利用者はそのことを気にしているか。もし気にしているのであれば、それはなぜか。特に気にするのはどのような属性の人々か。どのような対処行動を行っているか。

- 使い捨てプラスチック容器に代わる手段で料理を届ける/持ち帰るとした場合、どのような懸念を感じるか。

■得られる成果の概要

- 人々が、どのような目的を持って、どのように飲食店のデリバリーサービス、テイクアウトを利用しているか (料理を入れる容器に求められる条件)、プラスチックの使い捨て容器に関してどのような意識を持っているのかがわかる。

- プラスチックの使い捨て容器を嫌う利用者は現在、それを理由に利用する飲食店を選べる状態にあるのか、理解できる。

- 使い捨てプラスチック容器に代わる手段を考える際、どのような点に留意すべきかわかる。

■スケジュール

調査設計・スクリーナ開発：2021年7月中
参加者募集：2021年8月上旬〜中旬
インタビュー実施：2021年8月中旬〜下旬
レポート：2021年9月上旬 (速報は随時発行)

■用語

- デリバリー：容器に入れられた料理を、利用者の指定した場所まで届けて (宅配) 販売するサービス。今回の調査では特に、個人営業の飲食店が調理したものを容器に入れて宅配するケースに注目する。

- テイクアウト：容器に入れられた料理を販売し、利用者が持ち帰る形式のサービス。今回は個人営業の飲食店が行うテイクアウト販売に注目する。

- 飲食店：料理を提供し、利用者に店内で食べさせるサービスを行う事業者、またはその店舗。

- プラスチックの使い捨て容器：デリバリーサービス、テイクアウトで料理を納める容器。素材としてポリエチレン、ポリプロピレン、ポリスチレンなどが使われる。

※家庭から排出されたプラスチックごみは自治体がリサイクルを行い、家庭で廃棄される量の約30% が再利用されている。(https://www.jcpra.or.jp/recycle/recycling/tabid/428/index.php)

A.3 | インタビューガイド

『**A.2 インタビュー調査 計画書**』（P.233）にもとづいて作成したインタビューガイドの例です。

調査の目的や問いの意図などを筆者らで確認しながら完成させました。議論の様子は、動画でご覧いただけます。

インタビューガイド

A）本調査の目的

飲食店の提供する料理のデリバリーサービスやテイクアウトに用いられる使い捨てプラスチック容器の量を削減したい。そのためにどのような施策が適切かを検討するため、インタビュー調査を行い、主要なステークホルダーと考えられる利用者の状況とニーズを理解する。

B）主な話題

- 人々が飲食店のデリバリー、テイクアウトをどのように利用しているか（頻度, 利用目的, 注文方法, 利用する理由, 利用する飲食店の特徴など）。

- 利用に際して、どのような課題や懸念を持っているか。

- 使い捨てのプラスチック容器が用いられている場合、利用者はそのことを気にしているか。もし気にしているのであれば、それはなぜか。特に気にするのはどのような属性の人々か。どのような対処行動を行なっているか。

- 使い捨てプラスチック容器に代わる手段で料理を届ける/持ち帰るとした場合、どのような懸念を感じるか。

C）イントロダクション（5 min/ Total - 5 min）

本日は調査にご協力いただきまして、ありがとうございます。

本来なら、直接お会いしてお話をうかがいたいところなのですが、コロナ禍ですのでお互いの安全と安心のためにオンラインでのインタビューという形を取らせていただきました。本日の進行役を務めます、　　　と申します。どうぞよろしくお願いいたします。

コロナのおかげで生活にもさまざまな変化が現れてきていると思います。緊急事態宣言下では、気軽に外食を楽しむ機会が減り、代わってテイクアウトやデリバリーの利用が増えているようです。今日はそのテイクアウトやデリバリーの利用について主にお話をうかがうためにお時間をいただきました。60分のインタビューを予定しています。最後までお付き合いください。

　本題に入っていく前に、いくつかご了承いただきたいことがあります。
　まず、録画と録音ですが、おうかがいしたお話を後で確認したり、じっくり分析作業を行ったりするときに備えてこのインタビューの様子を録画・録音することをご了承いただきたいです。録画された映像やうかがったお話の内容は、この調査以外の目的や用途で使うことは絶対にありませんし、この調査の依頼主へ調査結果を報告する際にはお名前を伏せて報告します。個人を特定できるような形で録画が閲覧されることはないことをお約束します。ご了承いただけますでしょうか？

【了承をもらって録画スタート】

　それから、わたし達以外にも何人かこの会議に参加している状態なのはお気づきかと思いますが、全員わたしと同じリサーチチームのメンバーです。わたしがインタビューに集中できるよう、代わりに裏でノートを取ってもらうために来てもらっています。○○さんも、わたしとのおしゃべりに集中していただいて、外野のことは忘れてしまって大丈夫ですが、他にも聞いている人間がいることはご承知おきください。

　もうひとつ、これで注意事項としては最後ですが、わたしは、特に飲食業界専門のリサーチャーというわけではありません。製品やサービスを消費者の皆さんに提供する企業からの依頼を請けて、こうしたユーザー調査のお手伝いをしています。
　同じひとりの消費者として、わたしもテイクアウトやデリバリーを利用していますが、使い方は生活環境や好みによって人それぞれですし、意見や態度にはよいも悪いも、正解も不正解もないと考えています。今日は、もうひとりの消費者である○○さんから色々と教えていただいて、賢い消費者になるための勉強をさせていただきたいと思っておりますので、ぜひ、率直なご意見をたくさんお聞かせください。

　何か心配なことやご質問はありますか？　大丈夫ですか？　では始めましょう。

D）参加者のプロフィール（10 min/ Total - 15min）

1. ではまず自己紹介をお願いします。お名前とお歳、そしてご家族構成を教えてください。

2. お住まいはどのあたりですか？ 最寄り駅はどちらですか？
　※テイクアウトを利用する可能性のあるエリアを住所からおおまかに把握する

3. お住まいは戸建てですか？ それとも集合住宅ですか？
　　a.（集合住宅の場合）オートロックのマンションですか？

4. お仕事はなさってますか？　どんなお仕事ですか？
　　※テイクアウトを利用する可能性のあるエリアを住所からおおまかに把握する

　　　　a. お仕事で通勤や外出することはありますか？
　　　　b. そのとき、よくご利用になる駅はありますか？

5. 【配偶者がいる場合】奥様（旦那様）はお仕事をされていますか？
　　　　a. 奥様（旦那様）はお仕事で通勤や外出することはありますか？
　　　　b. 奥様（旦那様）がよくご利用になる駅はありますか？

6. ご家族（一人暮らしの場合は本人）の食生活についてお聞きします。
　　　　a. 食生活全般について、気をつけていることやこだわっていることはありますか？
　　　　　　i. それは、いつからですか？
　　　　　　ii. なにかきっかけがありましたか？

　　　　b. その状況やお気持ちは、コロナ禍によってなにか変わりましたか？
　　　　c. 他に、食生活に関連して、コロナ禍による変化はなにかありましたか？
　　　　　　※デリバリーやテイクアウトには触れずに話題にあがるかどうかを確認する

　　　　d. 外食の利用は増えるか、減るかしましたか？　どうしてですか？
　　　　e. デリバリーの利用は増えるか、減るかしましたか？　どうしてですか？
　　　　　　※デリバリー：出前、配達
　　　　　　※利用頻度の変化をアンケート結果も踏まえて確認する

　　　　f. テイクアウトの利用は増えるか、減るかしましたか？　どうしてですか？
　　　　　　※テイクアウト：飲食店が提供する食事の持ち帰り（コンビニ弁当などは除く）
　　　　　　※利用頻度の変化をアンケート結果も踏まえて確認する

　　　　g. デリバリーとテイクアウト、どちらのほうが多いですか？　なにか理由はありますか？

E）デリバリーの利用状況（15 min/ Total - 30 min）

　　では、デリバリーの利用状況についてもうすこし具体的におうかがいします。
　　※テイクアウトのほうが利用頻度が高ければそちらを先に実施する

7. 最近デリバリーを利用したときの様子を教えてください。
　　　　a. いつ？
　　　　b. なにを？
　　　　c. どうやって注文するかはどうやって（＆誰が）決めたのか？
　　　　d. なぜそのお店やサービスを使うことにしたのか？
　　　　e. 使ってみていかがでしたか？

8. (Q7をくり返し、他のエピソードを聞き出しつつ) どんなふうに使い分けるのですか？
　　　　※ランチとディナーの差分、平日と休日の差分など
　　　　※テイクアウトの話が出てきた場合は軽く引き上げる

Intro.
はじめに

Chap.
1
計画

Chap.
2
準備

Chap.
3
実施

Chap.
4
考察

Appx.

9. どうしてあなたはデリバリーを使うんだと思いますか？

10. 逆に、デリバリーに対して不満に思っていることや困っていることはありますか？

11. デリバリーに使われる容器や包装について、よくも悪くもなにか感じたことはありますか？

12. お店によっては、お客様が容器を選べるようにしているところもあるようですがご存知ですか？ そういうお店を使った経験はありますか？ どちらの容器を選びましたか？ どうしてですか？
　　　□ 回収容器
　　　□ 使い捨て容器
　　　※回収容器を選ばない、選びたくない理由や懸念を確認

13. (利用経験のない人の場合) 容器を選べるとしたら、どちらを選びますか？ どうしてですか？
　　　□ 回収容器
　　　□ 使い捨て容器
　　　※利用経験がない人には寿司屋の例を写真で提示

F) テイクアウトの利用状況 （15 min/ Total - 45 min）

　　では、テイクアウトの利用状況についてもうすこし具体的におうかがいします。

14. 最近テイクアウトを利用したときの様子を教えてください。
　　　a. いつ？
　　　b. なにを？
　　　c. どうやって注文するかはどうやって（&誰が）決めたのか？
　　　d. なぜそのお店やサービスを使うことにしたのか？
　　　e. 使ってみていかがでしたか？

15. (Q14をくり返し、他のエピソードを聞き出しつつ) どんなふうに使い分けるのですか？
　　　※ランチとディナーの差分、平日と休日の差分など
　　　※デリバリーの話が出てきた場合は軽く引き上げる

16. どうしてあなたはテイクアウトを使うんだと思いますか？

17. 逆に、テイクアウトに対して不満に思っていることや困っていることはありますか？

18. テイクアウトに使われる容器や包装について、よくも悪くもなにか感じたことはありますか？

19. お店によっては、お客様が持参した容器に入れて持ち帰れるようにしたり、お店の容器を後日回収してもらえたりするところもあるようですが、そういうお店を使った経験はありますか？ 容器を持参したことはありますか？ どうしてですか？
      □ 持参容器
      □ 回収容器
      □ 使い捨て容器
      ※持参容器を使わない理由や懸念を確認

20. (利用経験のない人の場合) 使い捨て容器以外を使えるとしたら、使いますか？ どうしてですか？
      □ 持参容器
      □ 回収容器
      ※利用経験がない人には例を写真で提示

G) プラスチックごみと容器について （10 min/ Total - 55 min）

21. デリバリーやテイクアウトの利用が増えて、家庭のプラスチックごみの量に増減はありましたか？
      □ 増えた
      □ 変わらない
      □ 減った

22. どう思っていますか？

23. その状況をなんとかしたいというお気持ちはありますか？ どうしたいですか？

24. 改善するために、ご自分やご家族で気をつけていることや取り組んでいることはありますか？
      ※レジ袋、ストロー、カトラリー、ペットボトルなど

H) クロージング （5 min/ Total - 60 min）

25. (観察者からの追加質問があれば)

  おうかがいしたいことは以上になります。貴重なお話を聞かせていただき、ありがとうございました。

Intro.

はじめに

Chap.
1

計画

Chap.
2

準備

Chap.
3

実施

Chap.
4

考察

Appx.

A.4 インタビュー テンプレート

インタビュー テンプレートは、ユーザーインタビューで利用できる実践的な記入シートです。

効果的なインタビューができるように、計画、実施のタイミングにあわせて計9枚のシートを用意しています。

■ **計画のためのシート**
A　インタビュー計画シート
　A-1　機会探索型
　A-2　タスク分析型
　A-3　仮説検証型

■ **実施のためのシート**
B　プロフィールシート
C　24Hライフスタイルシート
D　脳内マップシート
E　ケース抽出シート
F　現状把握シート
G　主観評価シート

インタビュー調査の目的にあわせて使うシートを選び、マーケティング・商品企画のヒントをつかみとりましょう。

この9つのシートは、本書のサポートサイト（P.ii参照）から入手できます。

また、これらのシートはクリエイティブ・コモンズ・ライセンスの下、提供されています。

シート右下部に表示されている原著作者のクレジットを表記すれば、全て再配布やリミックスなどが可能です。

確認項目や、質問の仕方を編集し、インタビューの場で使いやすいシートにカスタマイズしてご利用ください。

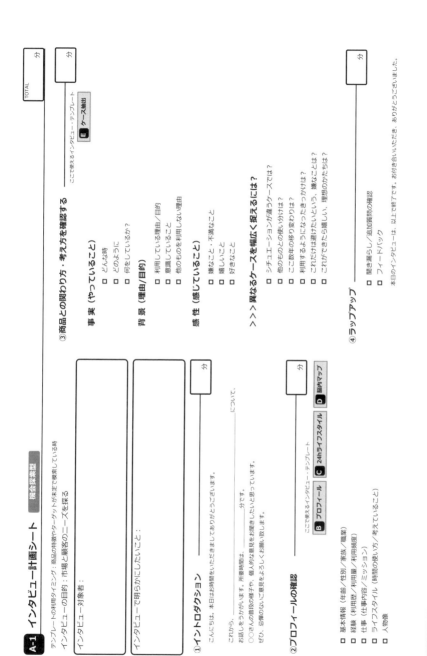

A-1 インタビュー計画シート 〔機会探索型〕

テンプレートの利用タイミング：商品の特徴や、ターゲットが未定で模索している時
インタビューの目的：市場と顧客のニーズを探る

インタビュー対象者：

インタビューで明らかにしたいこと：

①イントロダクション

こんにちは。本日はお時間をいただきましてありがとうございます。

これから、＿＿＿＿＿＿＿＿＿＿＿＿＿＿について、
お話しをうかがいます。所要時間は＿＿＿＿＿＿分です。
○○さんの普段の様子や、個人的な意見をお聞きしたいと思っています。
ぜひ、忌憚のないご意見をよろしくお願い致します。

ここで使えるインタビュー・テンプレート **B** プロフィール **C** 24hライフスタイル **D** 脳内マップ

②プロフィールの確認

☐ 基本情報（年齢／性別／家族／職業）
☐ 経験（利用歴／利用量／利用頻度）
☐ 仕事（仕事内容／ミッション）
☐ ライフスタイル（時間の使い方／考えていること）
☐ 人物像

③商品との関わり方・考え方を確認する

ここで使えるインタビュー・テンプレート **E** ケース抽出

事実（やっていること）
☐ どんな時
☐ どのように
☐ 何をしているか？

背景（理由／目的）
☐ 利用している理由／目的
☐ 意識していること
☐ 他のものを利用しない理由

感性（感じていること）
☐ 嫌なこと・不満なこと
☐ 嬉しいこと
☐ 好きなこと

＞＞＞ 異なるケースを幅広く捉えるには？
☐ シチュエーションが違うケースでは？
☐ 他のものの使い分けは？
☐ ここ数年の移り変わりは？
☐ 利用するようになったきっかけは？
☐ これだけは避けたいという、嫌なことは？
☐ これができたら嬉しい、理想のかたちは？

④ラップアップ
☐ 聞き漏らし／追加質問の確認
☐ フィードバック

本日のインタビューは、以上で終了です。お付き合いいただき、ありがとうございました。

『ユーザーインタビューのやさしい教科書』付録

TOTAL ＿＿ 分

＿＿ 分

＿＿ 分

＿＿ 分

Intro.
はじめに
Chap. 1 計画
Chap. 2 準備
Chap. 3 実施
Chap. 4 考察
Appx.

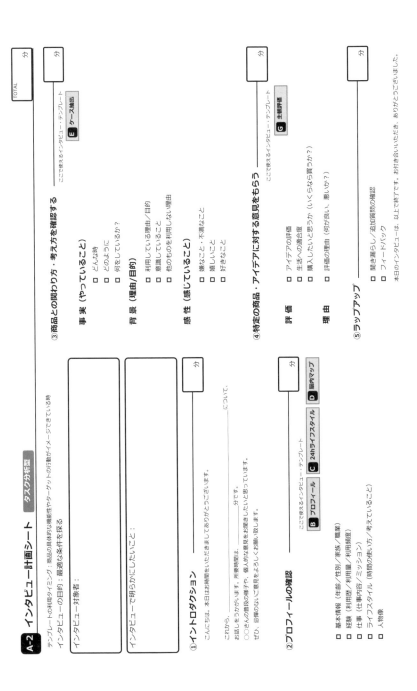

A-2 インタビュー計画シート タスク分析型

テンプレートの利用タイミング：商品の具体的な機能性やターゲットの行動がイメージできている時
インタビューの目的：最適な案件条件を探る

インタビュー対象者：

インタビューで明らかにしたいこと：

①イントロダクション

こんにちは。本日はお時間をいただきましてありがとうございます。

これから、_____について。
お話しをうかがいます。所要時間は、_____分です。
○○さんの普段の様子や、個人的な意見をお聞きしたいと思っています。
ゼヒ、忌憚のないご意見をよろしくお願い致します。

②プロフィールの確認

ここで使えるインタビュー・テンプレート B プロフィール C 24hライフスタイル D 脳内マップ

□ 基本情報（年齢／性別／家族／職業）
□ 経験（利用歴／利用量／利用頻度）
□ 仕事（仕事内容／ミッション）
□ ライフスタイル（時間の使い方／考えていること）
□ 人物像

③商品との関わり方・考え方を確認する

ここで使えるインタビュー・テンプレート E ケース抽出

事実（やっていること）
□ どんな時
□ どのように
□ 何をしているか？

背景（理由／目的）
□ 利用している理由／目的
□ 意識していること
□ 他のものを利用しない理由

感性（感じていること）
□ 嫌なこと・不満なこと
□ 嬉しいこと
□ 好きなこと

④特定の商品・アイデアに対する意見をもらう

ここで使えるインタビュー・テンプレート G 主観評価

評価
□ アイデアの評価
□ 生活への適合度
□ 購入したいと思うか（いくらなら買うか？）

理由
□ 評価の理由（何が良い、悪いか？）

⑤ラップアップ

□ 聞き漏らし／追加質問の確認
□ フィードバック

本日のインタビューは、以上で終了です。お付き合いいただき、ありがとうございました。

TOTAL ___ 分

___ 分

©①② 株式会社グラグリッド
「ユーザーインタビューのやさしい教科書」付録

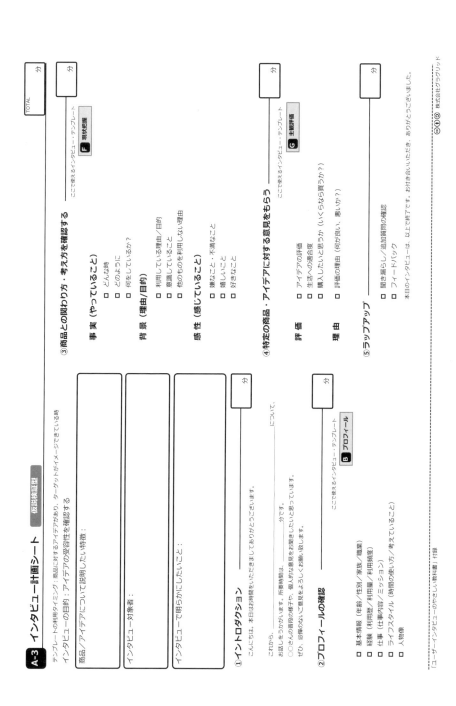

Intro. はじめに

Chap. 1 計画

Chap. 2 準備

Chap. 3 実施

Chap. 4 考察

Appx.

A-3 インタビュー計画シート 仮説検証型

テンプレートの利用タイミング：商品に対するアイデアがあり、ターゲットがイメージできている時
インタビューの目的：アイデアの受容性を確認する

商品／アイデアについて説明したい特徴：

インタビュー対象者：

インタビューで明らかにしたいこと：

①イントロダクション

こんにちは。本日はお時間をいただきましてありがとうございます。

これから、_____について。

お話しをうかがいます。所要時間は、_____分です。
○○さんの商品の様子や、個人的な意見をお願いしたいと思っています。
ぜひ、忌憚のないご意見をよろしくお願い致します。 分

②プロフィールの確認

ここで使えるインタビューテンプレート B プロフィール

☐ 基本情報（年齢／性別／家族／職業）
☐ 経験（利用歴／利用頻度）
☐ 仕事（仕事内容／ミッション）
☐ ライフスタイル（時間の使い方／考えていること）
☐ 人物像

③商品との関わり方・考え方を確認する

ここで使えるインタビューテンプレート F 現状把握

事実（やっていること）
☐ どんな時
☐ どのように
☐ 何をしているか？

背景（理由／目的）
☐ 利用している理由／目的
☐ 意識していること
☐ 他のものを利用しない理由

感性（感じていること）
☐ 嫌なこと・不満なこと
☐ 嬉しいこと
☐ 好きなこと 分

④特定の商品・アイデアに対する意見をもらう

ここで使えるインタビューテンプレート G 主観評価

評価
☐ アイデアの評価
☐ 生活への適合度
☐ 購入したいと思うか（いくらなら買うか？）

理由
☐ 評価の理由（何が良い、悪いか？）

⑤ラップアップ

☐ 聞き漏らし／追加質問の確認
☐ フィードバック

本日のインタビューは、以上で終了です。お付き合いいただき、ありがとうございました。 分

TOTAL 分

「ユーザーインタビューのやさしい教科書」付録

©①① 株式会社グラグリッド

B プロフィールシート　インタビュー対象者：

関連するインタビュー・テンプレート　**C** 24hライフスタイル　**D** 脳内マップ

記録の目的：インタビュー対象者の特徴を記録する

ライフスタイル
- □ 時間の使い方（平日／休日）
- □ 考えていること
- □ 夢中になれること
- □ 大事な判断基準／価値基準
- □ 自己実現のためにしていること
- □ ・・・
- □
- □

人物像
- □ 人となり／印象
- □ ファッションスタイル／持ち物

基本情報
- □ 年齢　□ 性別
- □ 居住地域
- □ 職業（職種／職歴）　□ 家族構成（同居人／子供の年齢）
- □ ・・・
- □
- □

経験
- □ 過去（利用歴／経験）
- □ 現在（利用商品／利用量／頻度）
- □ 未来（今後の計画／将来展望）
- □ ・・・
- □

仕事
- □ 仕事内容（ミッション／担当）　□ 関係する人物や組織
- □ 仕事場／環境　□ 活動とその流れ（部署内の連携／個人）
- □ 道具や情報・文書
- □ 価値観やルール
- □ ・・・
- □

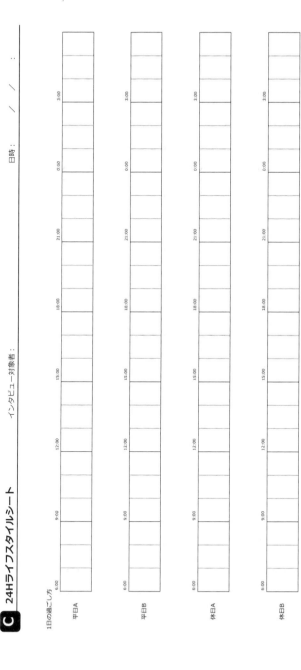

C 24Hライフスタイルシート

インタビュー対象者：　　　　　　　　日時：　　/　　/　　　：

1日の過ごし方

平日A

平日B

休日A

休日B

「ユーザーインタビューのやさしい教科書」付録

ⓒⓕⓓ 株式会社グラグリッド

D 脳内マップシート

インタビュー対象者：

日時： / / ：

あなたの頭の中にあること（興味があること/考えていること）は？

_____ している時

_____ している時

E ケース抽出シート

インタビュー対象者：

日時： 　／　／　　　：

ケース NO.	やっていること			理由／目的	感じていること
	どんな時？	どのように？	何をする？	なんのために？	不満は？ 要望は？
例：0	例：朝、出勤する時	例：iPhoneにイヤホンをつけて	例：ハードロックの音楽を聴く	満員電車の嫌な気分を紛らわすため	もっと大きな音で聴きたいけど、音漏れが気になるから我慢

「ユーザーインタビューのやさしい教科書」付録

©①① 株式会社グラグリッド

Intro. はじめに / Chap.1 計画 / Chap.2 準備 / Chap.3 実施 / Chap.4 考察 / Appx.

F 現状把握シート

インタビュー対象者：_____　　　　　　日時：　／　／　　：

活動	やっていること	理由／目的	感じていること
聞きたい活動	どんなもので／どんなことをしているか	利用している理由や目的／他のものを利用しない理由 意識していること	嫌なこと／不満なこと　←→　嬉しいこと／好きなこと
例：音楽を聴く	例：電車の中で、ハードロックの音楽を聴く	満員電車の嫌な気分を紛らわす	爽快な気分になりたい

©①◎ 株式会社グラグリッド

248

『ユーザーインタビューのやさしい教科書』付録

G 主観評価シート

インタビュー対象者：

日時： / / ：

は、_____ ですか？

理由：

項目例：

アイデアの評価
- □ 良いと思いますか？
- □ 新しさがありますか？
- □ 使ってみたいと思いますか？
- □ 買ってみたいと思いますか？

生活への適合度
- □ あなたの生活にフィットしますか？
- □ 使う状況はありますか？
- □ あなたの生活を変えますか？

使いやすさ
- □ その活動に効果はありますか？
- □ これがあれば効率が良くなりますか？
- □ あなたの不満を解決できますか？
- □ どのくらい満足感がありますか？

わかりやすさ
- □ 欲しいものが見つけやすいですか？
- □ その状況・文脈に適していると思いますか？
- □ どこに何があるのか把握しやすいですか？
- □ 言葉遣いや、用語は確認しやすいですか？
- □ 操作した結果は確認しやすいですか？

「ユーザーインタビューのやさしい教科書」付録

©①◎ 株式会社グラグリッド

Intro. はじめに
Chap 1 計画
Chap 2 準備
Chap 3 実施
Chap 4 考察
Appx.

A.5 参考文献

まえがき
- 堀 公俊, 問題解決ファシリテーター, 東洋経済, 2003 (pp. 40-41).

Introduction　はじめに
- スティーブン・G・ブランク, ボブ・ドーフ, スタートアップ・マニュアル —— ベンチャー創業から大企業の新事業立ち上げまで, 堤孝志・飯野将人 訳, 翔泳社, 2012 (pp.168-169).
- マイク・クニアフスキー, ユーザ・エクスペリエンス —— ユーザ・リサーチ実践ガイド, 小畑喜一・小岩由美子 訳, 翔泳社, 2007.
- ジェイムズ・ホルスタイン, ジェイバー・グブリアム, アクティヴ・インタビュー —— 相互行為としての社会調査, 山田富秋ほか訳, せりか書房, 2004.

Chapter 1　計画
- Hugh Beyer , Karen Holtzblatt, Contextual Design : Defining Customer —— Centered Systems, Morgan Kaufmann Publishers Inc.,1997.
- Indy Young, メンタルモデル ユーザーへの共感から生まれる UX デザイン戦略, 田村 大 監訳, 丸善出版, 2014.
- 樽本徹也, ユーザビリティエンジニアリング（第 2 版）—— ユーザエクスペリエンスのための調査、設計、評価手法, オーム社, 2014.
- 奥出直人, デザイン思考の道具箱 —— イノベーションを生む会社の作り方, 早川書房, 2007.
- Jasse James Garrett, ウェブ戦略としての「ユーザーエクスペリエンス」, ソシオメディア株式会社 訳, マイナビ出版,2005.
- マーク・スティックドーン, アダム・ローレンス, マーカス・ホームス, ヤコブ・シュナイダー , This is Service Design Doing サービスデザインの実践, 長谷川 敦士 監訳, ビー・エヌ・エヌ, 2020.

Chapter 3　実施

- 阿川佐和子, 聞く力 —— 心をひらく 35のヒント, 文藝春秋, 2012.
- 大野耐一, トヨタ生産方式 —— 脱規模の経営をめざして, ダイヤモンド社, 1978.
- キャロル・タヴリス, エリオット・アロンソン, なぜあの人はあやまちを認めないのか —— 言い訳と自己正当化の心理学, 戸根由紀恵 訳, 河出書房新社, 2009.
- T. ギロビッチ, 人間この信じやすきもの —— 迷信・誤信はどうして生まれるか, 守一雄・守秀子 訳, 新曜社, 1993.
- 三宮真智子, メタ認知で〈学ぶ力〉を高める —— 認知心理学が解き明かす効果的学習法, 北大路書房, 2018.
- ダニエル・カーネマン, ファスト＆スロー —— あなたの意思はどのように決まるか?, 村井章子 訳, 早川書房, 2012.
- デイヴィッド・ブルックス, あなたの人生の科学, 夏目 大 訳, 早川書房, 2015.
- 林 創, 子どもの社会的な心の発達 —— コミュニケーションのめばえと深まり, 金子書房, 2016.
- 平田オリザ, わかりあえないことから —— コミュニケーション能力とは何か, 講談社, 2012.
- 細谷 功, メタ思考トレーニング —— 発想力が飛躍的にアップする 34問, PHP研究所, 2016.
- 若狭 勝, 嘘の見抜き方, 新潮社, 2013.

Chapter 4　考察

- Russ Unger , Carolyn Chandler, UX デザインプロジェクトガイド —— 優れたユーザエクスペリエンスデザインを実現するために , 松田 晃一 訳, カットシステム, 2011.
- 川喜田二郎, 発想法（改版）—— 創造性開発のために, 中央公論新社, 2017.
- 安藤 昌也, UX デザインの教科書, 丸善出版, 2016.

Intro.

はじめに

Chap. 1

計画

Chap. 2

準備

Chap. 3

実施

Chap. 4

考察

Appx.

おわりに

ユーザーインタビューを計画し、準備を重ねたうえで実施して、得られたデータを考察し、然るべき形で報告するまでの流れを順に見てきました。誰もが気軽に取り組める手法でありつつも奥が深く、しっかりと結果を出して次へ繋げるには、念入りな計画と準備、慎重を期した実施、そしてしつこいほどの分析や考察が必要になることを伝えられていれば本書のねらいのひとつは達成です。

　もうひとつのねらいは、コロナ禍でもあきらめずにユーザーインタビューを計画し、実施するための道筋を示すことでした。出版される頃にはコロナ禍が過去のものとなっていることを期待する気持ちもありましたが、残念ながら終息には至っていません。しかし、ふり返ってみれば悪いことばかりでもありませんでした。オンラインでインタビューする手段が確立したおかげで、ユーザーを募集する範囲を全国津々浦々にまで広げられるようになったのは大きな収穫です。もちろん、インターネットへ接続できない人やオンライン会議システムの利用に不安のある人などを対象にできないという課題はありますが、首都圏をはじめとする都市部のユーザーのみを対象にすることを前提にする考え方は過去のものとなりつつあります。

また、コロナ禍以前は、ユーザーの生の声を聞くには調査会場まで足を運ぶのがあたり前だと思い込んではいなかったでしょうか。「多忙な偉い人をどうすれば呼べるだろう？」「見学ルームに何人まで入れるだろう？」とさんざん頭を悩ませていましたが、テレワークの合間に自宅からでも調査の様子を見学できるようになったことで、関心を持ってくれる人が増える傾向にあります。

　コロナ禍を経たからこそ現れてきたこうした変化は、ユーザーの声をものづくりに活かそうとする活動の背中を今後も強く押し続けてくれることでしょう。

　従来どおりに対面して行うインタビューとオンラインインタビューとを併用することが、これからのあたり前になっていくはずです。筆者らの経験が詰まった本書が、現場の悩みを解決し、ものづくりを支える力の一部となればうれしいです。

Index

著者プロフィール

奥泉 直子 （おくいずみ なおこ）

フリーランスのユーザーリサーチャー。

小樽商科大学卒。中京大学情報科学研究科認知科学専攻、修士課程通信教育課程修了。
業界や国内外を問わず、さまざまな商品やサービスの開発や改善を目指すものづくりのプ
ロジェクトに数多く従事。また、人間の認知特性を踏まえて調査に臨むことの意義とその
ためのノウハウを伝える講義やセミナーの講師を務め、後輩の育成と指導にも積極的に関
わる。

訳書に『Web サイト設計のためのデザイン＆プランニング』(2012, マイナビ出版)、『ロー
リーとふしぎな国の物語』(2017, マイナビ出版)、共著書に『HCD ライブラリー第 7 巻 人
間中心設計における評価』(2019, 近代科学社)、著書に『ユーザーの「心の声」を聴く技
術』(2021, 技術評論社) などがある。

山崎 真湖人 （やまさき まこと）

慶應義塾大学 大学院システムデザイン・マネジメント研究科 特任助教。フリーランス デ
ザインリサーチャー。

東北大学文学研究科 博士前期 2 年課程修了（心理学）、慶應義塾大学 システムデザイン・
マネジメント研究科 修士課程修了（SDM 学）。株式会社リコー、アドビシステムズ株式会
社、株式会社 ziba tokyo、株式会社 NTT DATA で研究開発、人間中心設計推進、ユーザー
リサーチ、サービスデザイン等の業務を経験した後、2018 年より現職。

観察やインタビューなどの調査からインサイトを得てアイデアを見つけ、商品デザインや
店舗での顧客体験設計、ブランディング、技術戦略策定などに着地させるコンサルティン
グを様々な業種の企業に提供。調査やアイデア発想を含む新価値創造のプロジェクトを設
計し、多様な関係者による協創のアプローチで遂行する。

IPA ソフトウェア開発技術者（2001 年）。『改訂版 J 検情報デザイン完全対策公式テキス
ト』(2014, 日本能率協会マネジメントセンター) 執筆担当。『デザイニング・フォー・サー
ビス "デザイン行為" を再定義する 16 の課題と未来への提言』(2019, サウザンブックス
社) 共訳。日本デザイン学会 情報デザイン研究部会相談役。

三澤 直加 （みさわ なおか）

株式会社グラグリッド 代表取締役 ／ ビジョンデザイナー／サービスデザインコンサル
タント

金沢美術工芸大学プロダクトデザイン専攻卒業。

企業の事業戦略に伴走するデザイナーとして、多くの質的調査とサービスデザインのディレクションを手掛ける。複雑な課題をよみときコンセプトを立案、ビックピクチャーを描くことで革新的な組織変革をサポートする。また、クリエイティブなな組織文化を醸成するため、創造性開発メソッドの研究開発、協創コミュニティの企画運営なども積極的に行う。

金沢美術工芸大学 デザイン方法論 非常勤講師、著書に『ビジュアル思考大全 問題解決のアイデアが湧き出る 37 の技法』(2021, 翔泳社)、共著書に『書いて使う 会議を変えるノート』(2017, マイナビ出版)、『描いて場をつくるグラフィック・レコーディング：2 人から 100 人までの対話実践』(2021, 学芸出版社)がある。

古田 一義（ふるた かずよし）

中京大学心理学科卒、同情報科学研究科認知科学専攻修了。

株式会社ノーバス（現 U'eyes Design）を経て、現在はフリーランスのユーザビリティスペシャリストとして活動。生来のガジェット好きが高じて、様々な製品に触れられるこの職業を選び、モバイル機器、車載機器、ソフトウェア、Web サイト、産業機器などあらゆるジャンルのユーザビリティ評価を経験。

最近はそのノウハウを多くの人に広めるべく、産業技術大学院大学の社会人向け履修証明プログラム『人間中心デザイン』や特定非営利活動法人 人間中心設計推進機構（HCD-Net）のセミナー「ユーザビリティ評価」など各所でユーザーテスト演習の講師を務める。共著書に『HCD ライブラリー第 7 巻 人間中心設計における評価』(2019, 近代科学社)がある。

伊藤 英明（いとう ひであき）

株式会社ヴァル研究所 MaaS 事業部 UX デザイナー

東京工芸大学大学院芸術学研究科メディアアート専攻修士課程修了（芸術学）。2004 年株式会社ノーバス（現 U'eyes Design）に入社。2014 年より現職。

ユーザーエクスペリエンスデザイン、人間中心設計のスペシャリストとして、その啓蒙と実践、および事業開発業務に従事。

NPO 法人 人間中心設計推進機構（HCD-Net）評議員会、東京造形大学デザイン学科 メディアデザイン専攻領域 非常勤講師。共著書に『HCD ライブラリー第 3 巻 人間中心設計の国内事例』(2014, 近代科学社)がある。

STAFF

テンプレート作成：三澤 直加
本文・カバーイラスト：三澤 直加
ブックデザイン：大悟法 淳一、武田 理沙（ごぼうデザイン事務所）
DTP：AP_Planning
編集：角竹 輝紀

ユーザーインタビューのやさしい教科書

2021年　9月27日　初版第1刷発行
2024年10月21日　　　第3版発行

著者	奥泉 直子、山崎 真湖人、三澤 直加、古田 一義、伊藤 英明
発行者	角竹 輝紀
発行所	株式会社マイナビ出版
	〒101-0003　東京都千代田区一ツ橋2-6-3 一ツ橋ビル 2F
	TEL：0480-38-6872（注文専用ダイヤル）
	TEL：03-3556-2731（販売）
	TEL：03-3556-2736（編集）
	E-Mail：pc-books@mynavi.jp
	URL：https://book.mynavi.jp
印刷・製本	シナノ印刷株式会社